民主党政権下の日米安保

小沢隆一 Ozawa Ryuichi
丸山重威 Maruyama Shigetake 編

花伝社

民主党政権下の日米安保◆目次

第Ⅳ部　日米安保体制からの脱却

はしがき

日米安保（日米安保条約を軸とした日米の軍事同盟体制、その実態のことをそう呼ぶ）をめぐる現在の最大争点である「普天間基地問題」をかかえる沖縄の県知事選挙の投開票が、二〇一〇年一一月二八日行われ、現職の仲井真弘多氏が新人の伊波洋一氏に三万八六二六票の差をつけて再選を果たした。伊波氏が普天間基地の「県内移設」に明確に反対したのに対して、仲井真氏は選挙前になって普天間基地の「県外移設」を打ち出し、それが同氏の「公約」の形になって、「辺野古への移設がベター」とする菅直人首相に対して、仲井真知事は「バッド」と返している（二〇一〇年一二月一七日）。

鳩山由紀夫元首相が、「（普天間基地は）国外、最低でも県外」という公約を掲げたものの、「迷走」したあげく、「辺野古移設」に舞い戻った二〇一〇年五月二八日の日米合意に固執する政府、そうした政府の姿勢をともすれば「容認」していると取られかねない「本土」の世論と沖縄県民の声との落差。「その根拠は何か」に思いをめぐらした時、極東最大の米空軍基地「カデナ」をかかえる嘉手納町の宮城篤実町長の次の言葉は重く響く。「安保条約に手をつけずにアメリカに基地撤去、国外移設といっても無理です。私は、……政権には、日米安保を再考する、勇気ある決断を期待したい」（同「嘉手納基地の固定化は許されない」『世界』二〇一〇年二月号）。

他方、日米安保条約六条がその「平和及び安全の維持」を米軍駐留の目的とする「極東」という地域を見渡すと、日中間や日ロ間で「領土問題」をめぐってただならぬ気配が漂うばかりか、実際に「戦火」によって死者を出す事態が生じている。鳩山元首相が、普天間基地の県外移設を諦めるに際して発した「米海兵隊は抑止力であることを学んだ」という何とも情けない言葉は、二〇一〇年三月二六日の韓国の哨戒艦「天安」の爆沈事件をうけてのことであった。韓国政府は、これを北朝鮮の魚雷攻撃と断定するものの、未だその真相は十分明らかになってはいないが、そうした中で、北朝鮮が、一一月二三日に休戦協定や国連憲章に明白に違反して韓国を砲撃するに及んで、米海兵隊は、たとえ「日本防衛」のための抑止力ではなく「殴り込み部隊」であったとしても、そのような海兵隊を含めて強大な米軍が東アジアに駐留することは地域の安定に資するとの言説が、それなりの説得力をもってしまう情勢でもある。

しかし、東アジアに駐留する米軍は、空母機動艦隊を中心として、東南アジア・南アジア・中東・西アジアにまで広がるいわゆる「不安定の弧」ににらみをきかせる存在であり、この地域の各国に展開している米軍基地がそれをしっかりと支えており、昨今の「米軍再編」は、それを確実にするための動きである。何よりも、そうしたアメリカの世界大の軍事戦略の負担を、ひとえに小さな沖縄に背負わせる道理はどこにもない。沖縄の人々を苦しめている問題は、世界でなお残る戦争の火種を消して、軍事力と軍事同盟にたのむことのない平和を実現することによってしか解決しえないことが、ほの見えてきているといえよう。

二〇〇九年九月の民主党政権の成立は、長らく日米安保に従わされ、駐留米軍基地に苦しめられてきた日本国民、とりわけ沖縄県民の苦しみからの解放に光明をもたらすやに思われた。少なくともその期待は大いに高まった。ところが、民主党政権は、普天間基地の辺野古への移設に舞い戻ったばかりか、二〇一〇年一二月に閣議決定した「防衛計画の大綱」では、「基盤的防衛力」構想を捨て「動的防衛力」という言葉に置き換え、日米安保の下での自衛隊の増強の方向性を明示した。本書のタイトルを『民主党政権下の日米安保』としたのは、こうした動向をしっかりと見すえるためである。

本書は、こうした今日の情勢を前にして、「日米安保の再考」を問いかけるために編まれ、刊行されたものである。類書があまたある（そうした状況を私たちは大歓迎する）なかで、本書の特徴を一言で表すとすれば、日米安保の問題性を多角的・総合的に明らかにし、その克服の展望をさぐったという点である。

具体的には本書を構成する四つの部のそれぞれで、次の点を重視した。

第一部では、日米安保の問題性を、現在の政治的・軍事的動向からの解明はもちろんのこと、その経済的背景や、マスコミによる報道のされ方も含めた世論・国民意識の動向、アジアからのまなざしという角度からもとらえることに努めた。これは、「あとがき」で記するように本書が、研究者・法律家・ジャーナリストによる共同の所産であることにあずかっている。

第二部では、沖縄をはじめとした米軍基地をかかえる地域からの具体的な事実に即した、それゆえに「生々しい」訴えを紹介することによって、日米安保の問題性をよりリアルにとらえることをめざした。今、日本の政府と国民に必要なことは、「基地をかかえる」ことの苦難に対する真摯な理解と共感である。

第三部では、現在の安保条約が締結されて五〇年、一九五二年に発効した旧安保条約から数えて六〇年近くになる日米安保の歴史と、それとともに形作られたアジアにおける「対立の構造」を把握することをめざした。そのために、アメリカの世界戦略、アジアの軍事同盟体制、日米安保を支える世論とこれを批判し克服しようとする世論との「せめぎ合い」を、今日の時点でしっかりととらえる必要がある。

第四部では、以上の検討・分析の上に立って、日米安保の克服、ひいては軍事同盟のない世界への展望を論じている。次代を担う若い高校生たちの安保・自衛隊理解、軍事同盟なき世界を希求する国際的潮流、「世界一危険な日米安保」を克服する必要性とその可能性などを縦横に論じる論考をそろえることができた。

本書が、日米安保の克服と軍事同盟のない世界の実現の一助となるよう、多くの人に手にとっていただくことを願うばかりである。

二〇一一年一月　執筆者を代表して

小沢　隆一

第Ⅰ部　民主党政権と日米安保

1 民主党政権の安保・防衛政策はどこへ向かうのか？

――「新安保懇報告」と『防衛白書』にみる危険な内容――

小沢　隆一

二〇〇九年九月に民主党政権が誕生してから一年半ほど。民主党のマニフェストや政権合意などで掲げた「政策」と政権が実際に行った（行わなかった）「施策」との間の「振れ幅」の大きさには唖然とするほかないといえよう。鳩山由起夫前首相の「（普天間基地移設に関しての）国外、最低でも県外」という発言はもとより、政権の成立に先立って取り交わされた民主・社民・国民新、三党の連立政権合意では、日米関係について、「沖縄県民の負担軽減の観点から、日米地位協定の改定を提起し、米軍再編や在日米軍基地の在り方についても見直しの方向で臨む」とされており、また、「日本国憲法の『平和主義』をはじめ『国民主権』『基本的人権の尊重』の三原則の順守を確認するとともに、憲法の保障する諸権利の実現を第一とし、国民の生活再建に全力を挙げる」と結ばれていた。

その一方、二〇一〇年二月一六日に鳩山首相（当時）の私的諮問機関として設置された「新たな時代の安全保障と防衛力に関する懇談会」は、八月二七日に、後継の菅直人首相に対して報告書、「新たな時代における日本の安全保障と防衛力の将来構想」（以下「新安保懇報告」と略称）を提出した。

菅内閣の下で防衛省は、民主党政権として初の防衛白書、『平成二二年版防衛白書』を九月に公刊したが、これらの報告書や白書からは、民主党政権誕生時の「清新」なイメージはみじんもうかがえない。むしろ、九条改憲との「距離」を自民党政権期よりもさらに縮めようとしている様子すらうかがえる。

こうした民主党政権の動きはどうして出てくるのか。その安保・防衛政策の問題点はどこにあるのか。「新安保懇」報告や『二二年版白書』に見られる特徴のなかにそれを探ってみるとともに、憲法九条の原理に基づいた政策転換を目指す際の視点を提示してみたい。

● 1　新安保懇報告の歴史的位置

「もう少しマシな報告を出せなかったものか」

そういう「感慨」をつい懐いてしまうのは、二〇〇九年と同様に自民党が野に下った一九九三年の「政権交代」の結果として成立した細川護熙連立内閣の時の「記憶」が、なお鮮明に残っているからである。この時設置された「防衛問題懇談会」（座長・樋口廣太郎アサヒビール会長）が一九九四年八月（この時点では細川内閣は退陣して、村山富市自・社・さ連立内閣）に提出した報告「日本の安全保障と防衛のあり方」（いわゆる「樋口リポート」）は、明らかにそれまでの自民党政権下の安保・防衛政策の転換を志向するものであった。この「リポート」は、日米の二国間同盟よりもアジア地域の多角的安全保障を重視する方向を示し、そのことに日米同盟「漂流」の危機を感じたアメリカは、国防次官補となったジョセフ・ナイを中心として急遽「ナイ・イニシアティブ」として「東アジア戦略報告」（一九九五年）をまとめ、その後、一九九六年の「日米安保共同宣言」（日米のグローバル・パートナーシップ）による「安保再定義」、一九九七年の日米「新ガイドライン」の策定が進められ、その日本国内における法制化として、一九九九年には「周辺事態法」が制定されて、海外での日米共同作戦態勢の構築への道標が立てられた。

このように、それ自体は「不発」に終わり、かえってアメリカによる強烈な「巻き返し」を引き起こしたとはいえ（否、そうであるほどに）、「樋口リポート」は、「冷戦終結」後の安全保障を日米安保一辺倒ではない方向に導こうとした。折しも、一九九五年の米兵による少女暴行事件をきっかけにして、沖縄では基地反対の世論が燃え上がり、一九九六年には橋本龍太郎首相とモンデール米駐日大使との会談で普天間基地の返還が合意され、代替施設として海上へリポートへの移設の検討などを盛り込んだSACO中間報告が提出されるなど、米軍基地をめぐる今日の「攻防」の端緒が形作られた時期であった。

この一九九四年から九六年にかけての時期が、今に続く「攻防」の始まりだとして、二〇〇九年の民主党政権成立以後、今に至る現在の時期が、鳩山政権の「迷走」の果てに、二〇一〇年五月二八日の日米安保協議会で、普天間基地の代替の施設を「キャンプ・シュワブ辺野古崎地区及びこれに隣接する水域」とする共同声明を発表したことをもって、日米両政府としての実質的な「幕引き」宣言がなされたものとするならば、すなわち万が一にも事態がそのように展開するならば、国民のなかには、とりわけ沖縄県民には、民主党政権への幻滅とともに「政権交代」なるものそれ自体への根深い不信感が沈殿していくことになろう。「事態」のそのような展開を決して許してはならない。しかし、新安保懇報告は、そうした「事態」の展開を歓迎し、かつ促すものと見なければならない代物である。

●首相の私的諮問機関の「たすきリレー」

二一世紀に入って、歴代政権は、安保・防衛政策に関して、首相の私的諮問機関の設置とその報告書によって政府の施策の方向付けを狙うという「政治手法」を、まるで駅伝の「たすきリレー」のように引き継いできた。

小泉純一郎首相の私的諮問機関「安全保障と防衛力に関する懇談会」（以下「小泉懇」と略称、座長・荒木浩東京電力顧問）は、二〇〇四年一〇月に報告書「未来への安全保障・防衛力ビジョン」を発表し、その中におけるミサイル防衛の日米共同開発を念頭に置いた「武器輸出三原則の緩和」の主張は、同年一二月に閣議決定された「防衛計画の大綱」（第三次防衛大綱）発表時の福田康夫官房長官談話によって「政府の方針」とされた。

安倍晋三首相の私的諮問機関「安全保障の法的基盤の再構築に関する懇談会」（以下「安保法制懇」と略称、座長・柳井俊二国際海洋法裁判所判事・元外務事務次官）は、二〇〇八年六月二四日に報告書を安倍内閣退陣（二〇〇七年九月）後を襲った福田首相に提出した。そのなかでは、①公海における米艦の防護、②米国に向かうかもしれない弾道ミサイルの迎撃、③国際的な平和活動における武器使用、④同じ国連ＰＫＯ等に参加している他国の活動に対する後方支援といういわゆる「四類型」についての法的位置づけを行い、集団的自衛権に関する憲法解釈の変更を求めるものであったが、改憲を声高に叫んだ安倍首相率いる自民党が二〇〇七年の参院選で与党を構成する公明党ともども敗北し、衆参の「ねじれ国会」が現出するなかで後を継いだ福田首相のこの問題への「消極姿勢」により、「棚上げ」された形となった。

その後、麻生太郎首相の私的諮問機関「安全保障と防衛力に関する懇談会」（以下「麻生懇」と略称、座長・勝俣恒久東京電力会長）が、麻生内閣による衆院解散後、総選挙を控えた二〇〇九年八月に「駆け込み」的に報告書を提出したが、しかし、これを受け取る座に麻生氏は戻ってはこなかった。

首相としては四代にわたる自民党政権下で三つの諮問機関が活動した後に設置された「新安保懇」は、その顔ぶれの面で、先行する諮問機関との重複が目立つ。例えば、同懇談会の岩間陽子委員（政策研究大学院大学教授）は、「安保法制懇」の委員でもあったし、中西寛委員（京都大学教授）に至っては、「安保法制懇」「麻生懇」に続いての就任である。また、委員のなかに駐米大使、防衛事務次官、統合幕僚会議議長の歴任者三人を必ず含めるという方法も「踏襲」されている。

こうして「新安保懇報告」は、次項で見るように、「小泉懇」「安保法制懇」「麻生懇」の報告書が、論じ、主張し、提言してきたものの多くを引き継ぎ、それらを「集約」した形で、まるで官僚が下書きしたものをそのまま通したかのような印象を醸し出すものとして作成されている。「政権交代」のインパクトがみじんもうかがえないのは、この辺りに起因しているように思われる。

2 「新安保懇報告」の危険な中身

民主党政権は、『平成二二年版防衛白書』を「韓国併合一〇〇年」に当たる二〇一〇年八月二二日以前に公表するのは韓国の世論を「刺激」するとの配慮から、公表時期を例年の八月から九月にずらした。かくして、「新安保懇報告」も、『防衛白書』刊行以前の八月二七日に首相に答申される形となり、この報告書は、『防衛白書』のなかで、「今後、政府として検討材料の一つとしつつ、一六大綱（二〇〇四年・平成一六年に策定された「防衛計画の大綱」のこと）の見直しが進められることになる」（傍点引用者）という重要な位置づけが与えられている。

では一体、何を「見直す」というのだろうか。白書や報告書の中身からは、平和志向からの近隣諸国への配慮はうかがえない。これらは、従来の自民党政権時代の安保・防衛政策を基本的には引き継ぎつつ、同時に「政権交代という歴史的転換」を格好の口実にして、歴代の自民党政権がしたくてもできなかった自衛隊の一層の海外出動、九条のさらなる解釈改憲、武器の生産・輸出の拡大へと踏み出そうとしている。

●情勢認識における「新しさ」

報告書は、「日本をとりまく安全保障環境」の趨勢として、①経済的・社会的グローバル化、それに伴う国境を越える安全保障問題、平時と有事の中間のグレーゾーンにおける紛争の増加、②（中国、インド、ロシア等）新興国の台頭、米国の圧倒的優位の相対的後退による世界的パワーバランスの変化と国際公共財の劣化などを指摘している。これは、二〇〇四年の「防衛計画大綱」が、「安全保障環境」について、①「主要国間の相互協力・依存関係」が進展する一方での「非国家主体の脅威」を強調し、②「唯一の超大国である米国」が「世界の平和と安定に大きな役割を果たしている」との認識を示していたことと比較すると、「新しい情勢認識」といえる。

こうした「新しい情勢認識」からは、総じて、安全保障環境の厳しさ、アメリカの優位性の低下を日本の軍事的能力の向上に結びつけようとする「意図」がうかがわれる。

●能動的な「平和創造国家」？

「報告書」は、日本がめざすべき国の「かたち」として、「受動的な平和国家」から「能動的な『平和創造国家』」に成長することを提唱しているが、その主眼は、軍事面で国際的な役割を拡大・強化することに置かれている。経済や文化、教育、福祉、医療などの分野での平和創造への貢献が強調されているわけではない。しかも、武器輸出三原則を見直して「防衛装備協力」や「防衛援助」を進めることも、「平和創造国家」になるための有効な「手段」だとされている。

財界要求へのこうした露骨な迎合を「能動的な『平和創造国家』」だとするのは、新安保懇報告が独自に編み出した「新手のロジック」といえよう。「兵器産業の振興が平和創造への道」といわんばかりの理屈には、開いた口がふさがらない。もっとも、こうしたロジックを使わざるをえないほどに、財界サイドの「自衛隊の装備の受注にのみ頼っていたのでは、日本の防衛産業は生き残れない」という問題意識はかなり深刻であることは確認しておく必要があろう。

二〇一〇年の日本の防衛産業による新規の兵器生産の受注（正面装備品等契約額）は、ピーク時

（一九九〇年）の約六四％（一兆七二七億円→六八三七億円）に落ち込んでおり（ただし整備維持経費との合計額はほぼ同程度）、もともと軍需生産に携わる日本の企業は、それに特化しておらず民需部門の業績の割合が高い（これは、「軍産複合体」を形成したアメリカとは違う「憲法九条を持つ国」としての日本の特徴）ことから、この間、戦車・戦闘車両部門では防衛生産からの撤退（二〇〇三年以降二二社）や倒産（同じく一三社）が相次ぎ、戦闘機関連では、二六社がすでに撤退しあるいは撤退を決定するなどしている（これについては、久保田ゆかり「日本の防衛産業の制度疲労と日米関係」『国際安全保障』第三八巻二号、二〇一〇年九月が詳しい）。こうした状況の中で、日本の軍事産業が、海外への販路を拡大しない以上軍事生産を続けていけないという問題意識を強烈にもつに至ったとしても不思議ではない。また、アメリカとの共同開発・生産から取り残されれば、軍事産業の技術基盤が崩れるとの思いもあるようだ。

民主党政権は、かつての自民党政権と違って、防衛産業を「保護産業」として扱うのではなく、国際競争の中で生き残れる産業に仕立てようとしているのではないか。それは、新自由主義路線の真骨頂とも言える。しかし、それは、アメリカと同様の「軍産複合体」への道に他ならない。日本は今、その岐路に立っているのである。

●「基盤的防衛力」構想の放棄

また、「報告書」は、「防衛力の役割を侵略の拒否に限定してきた『基盤的防衛力』概念は有効性を失った」とする。この「基盤的防衛力」構想とは、一九七六年に閣議決定された最初の「防衛計画の大綱」以来一貫して、すなわち一九九五年と二〇〇四年の「大綱」でも踏襲されてきたものであり、『平成二二年版防衛白書』の表現によれば、「わが国に対する軍事的脅威に直接対抗するよりも、自らが力の空白となってわが国周辺地域の不安定要因とならないよう、独立国としての必要最小限の基盤的な防衛力を保有するという考え方である」とされている。

「基盤的防衛力」構想は、一九七六年の「大綱」策定時の防衛事務次官、久保卓也を中心として立てられたものであり、当時の米ソのデタントや米中接近の開始を受けて、日本周辺地域において「大規模な武力紛争が生起する可能性」が減少しており、また石油危機を契機として高度成長経済の軌道修正が求められ、今後防衛費の大幅増額は財政的制約から困難が予想されるとの認識の下で、「防衛のあり方に関する国民的合意」の確立と、遅れていた補給体制や居住施設等のいわゆる後方支援部門を含めて見通しうる将来に達成可能な現実的な防衛体制を整備することを目指すものであった。そのなかで、自衛隊が果たすべき防衛上の具体的任務範囲については、「限定的かつ小規模な侵略までの事態に有効に対処することができ、さらに、情勢に重要な変化が生じ、新たな防衛力の態勢が必要とされるに至ったときには、円滑にこれに移行しうるよう配意されたものとする」とされた。

以上のことからわかるように、「基盤的防衛力」構想は、一九七〇年代半ばという状況の中で生まれたものだが、その前後を通じて自衛隊の設立以来の一貫した基本理念である「専守防衛」という概念とも密接に関わる考え方である。それを、今、「見直す」（＝放棄する）というのであるから、これは自衛隊の基本性格の変更を意味する。『二二年版防衛白書』が、新安保懇報告の後に公刊されたことの「実質的意味」は、ここにあるといえる。同白書は、「新たな防衛力の考え方（『抑止効果』重視から『対処能力』を重視した防衛力への転換）」の項目の中で、「基盤的防衛力構想の見直し」をうたい、その理由として、①事態への実効的な対応、②国際平和協力活動への主体的・積極的な取り組みを挙げ、新たな防衛力構想を（「『基盤的防衛力構想』の有効な部分は継承しつつ」とことわりつつも）、「多機能で弾力的な実効性のある防衛力」と定式化する。

「専守防衛」概念や「基盤的防衛力」構想が、「憲法九条は自衛権までは放棄しておらず、個別的自衛権の行使は合憲である」との解釈から出発して、本来は九条に違反するはずの自衛隊を正当化するギリギリの理屈として、その時代時代のなかで唱えられ、継承されてきたのは、「侵略の抑止」に議論の軸足が置かれていたからである。この「軸足」を動かして、「抑止効果」重視から「対処能力」を重視した防衛力へと転換することは、軍事における自衛と侵略、個別的自衛と集団的自衛、防衛と外征の区別をなくしてしまうことを意味する。

●「多機能で弾力的な実効性のある防衛力」の意味するもの

それでは、「多機能で弾力的な実効性のある防衛力」とは、一体、何を意味するのか。『二二年度版白書』によれば、それは、「防衛力について、従来の『抑止効果』重視から、国内外のさまざまな事態への『対処能力』重視へと転換すること」とされている。

この点は、安保懇報告の方では、「今後自衛隊が直面する多様な事態」として、①弾道ミサイル・巡航ミサイル攻撃、②特殊部隊・テロ・サイバー攻撃、③周辺海・空域および離島・島嶼の安全確保、

④海外の邦人救出、⑤日本周辺の有事、⑥これらが複合的に起こる事態（複合事態）、⑦大規模災害・パンデミック等が含まれるとしている。また、同報告書は、「グローバルな安全保障環境の改善」の項目の中で、「自衛隊は国際平和協力活動を通じて日本のプレゼンスを世界に示すべき」として、①破綻国家・脆弱国家の支援、国際平和協力業務への参加の推進、②テロ・海賊等国際犯罪に対する取り組み、③大規模災害に対する取り組み、④ＰＳＩ（Proliferation Security Initiative 拡散に対する安全保障）での連携を含むＷＭＤ（大量破壊兵器）・弾道ミサイル拡散問題への取り組み、⑤グローバルな防衛協力・交流の促進、を進めるべきだとしている。

このように、つぶさに見ると、事態の性格も、そしてあるべき対処方法もまったく異なる「多様な事態」について、それらが「同時・複合的に生起する『複合事態』」なるものまで想定しつつ、これに対処する防衛体制への改編が必要だと主張している。軍事力による「抑止」のきかないテロへの対処なら、犯罪としての取締りや資金ルートの根絶の方が効果は高い。ところが、「報告書」からは、ありとあらゆる「脅威」を強引に自衛隊の増強、とりわけ海外に出動する能力の向上に結びつけようとする意図がうかがえる。

●集団的自衛権の容認と改憲への道

さらに、新安保懇報告は、日米安保体制をより一層円滑に機能させていくために、例えば日本防衛事態に至る前の段階での米艦の防護や米国領土に向かう弾道ミサイルの迎撃などのために、自衛権行使に関する従来の政府の憲法解釈の再検討を求めている。また、国際平和協力活動における自衛隊の武器使用基準の緩和も積極的に検討すべきだとし、同活動に関する基本法的な恒久法（いわゆる自衛隊派兵恒久法）の制定が重要だとしている。これらは、明文改憲路線を声高に唱えた安倍首相の諮問機関として設置された「安保法制懇」の報告を引き継ぐものであり、自民党政権時代からの防衛庁・防衛省の「悲願」であり、この点では、民主党政権の路線も何ら異ならないことを如実に示している。

もともと民主党は、二〇〇五年の「憲法提言」において「国連憲章上の『制約された自衛権』について明確化」すると記していたことからもわかるように、将来における集団的自衛権容認の方向性を残しながらも、自民党との違いを示す必要から、集団的自衛権容認の立場を鮮明にすることを極力避けてきた経緯がある。ところが、新安保懇報告は、そのような姿勢の変更を求めるものとしか読みようがない。民主党政権は、一体これをどのように「検討材料」としていくのであろうか、とても気がかりである。

むすびにかえて

民主党の政策調査会役員会は、二〇一〇年一一月三〇日、外交・安全保障調査会総会で、政府が年末に改定する新「防衛計画の大綱」に対する提言案を了承した。その中では、武器輸出三原則の見直しについて、「国際的な共同開発・生産に参加することにより、同盟国や友好国との間で武器の厳格管理および国際的な安全保障を強化していく」として、従来の「三原則」で禁止されているものを緩和しようとした。また、現行の「ＰＫＯ五原則」の見直し、国家安全保障室（仮称）の創設などの提言とともに、「核兵器の脅威に対しては米国の抑止力に依存する」という姿勢に固執していた。しかし結局、国会内での「多数派工作」のためにか、社民党からの反対を受けて、一二月一七日に閣議決定された新「大綱」では「三原則見直し」を盛り込むことは見送られ、「国際共同開発・生産に参加することで、装備品の高性能化を実現しつつ、コストの高騰に対応することが先進諸国で主流となっているこのような大きな変化に対応するための方策について検討する」という未練がましい指摘にとどめられた。それでも、『「基盤的防衛力構想』から『動的防衛力』への転換」は盛り込まれた。

新安保懇報告や『二二年度版防衛白書』、また現在民主党政権が進めている新しい「防衛計画の大綱」の策定が示すものは、民主党政権の安保・防衛政策が、日米安保を絶対視する対米屈従と軍事生産の拡大に固執する大企業いいなりという特徴をもっていることであり、この特徴は、自民党政権のそれと変わるところはない。それどころか、自民党政権の下で生まれ、今日まで受け継がれてきた「基盤的防衛力」構想や「武器輸出三原則」などの見直し、すなわち放棄を、「政権交代」という機会をとらえて果たそうとしているようにも見えるところから、過去の経緯を「しがらみ」として引きずらざるをえない自民党政権よりも、かえって危険な側面があるともいえる。

しかし、国際平和を真に希求するのであれば、軍事同盟からの脱却こそが求められ、国民生活の擁護のためには、米軍への「思いやり予算」を含む軍事費の削減と民生部門予算の増額による経済・財政再建こそが避けられないはずである。そこにこそ、安全保障政策の根本的転換の方向性が求められるべきである。

2 民主党はなぜ沖縄を裏切ったのか
――メディアと日米安保ロビーに屈服した鳩山氏――

坂井　定雄

「罪万死に値する失政である」――〈取り返しつかぬ鳩山首相の普天間政策〉と題した『日本経済新聞』（二〇一〇年五月二九日付）の社説の書き出しだ。鳩山政権が米海兵隊・普天間基地の辺野古移設二〇〇六年合意を再確認した、日米共同声明と閣議決定の翌日である。政権は六月四日に総辞職した。総選挙で「最低でも県外移設」を公約し、圧勝して発足した政権に公約の実施を求め、監視するのが民主主義社会のメディアのあるべき役割だ。まったくその逆に媒体力を最大限に利用し、鳩山政権を荒々しく、執拗に攻撃を続け、ついに公約実施を放棄させ、沖縄をはじめとする全選挙民を裏切らせた最大の責任は、『読売』『日経』『産経』そして『朝日』まで含めた大手全国紙、ＮＨＫの討論・解説番組にある。民主主義の選挙結果が示した民意を受け入れず、日米関係の「危機」「亀裂」「失望」「冷却化」などの言葉で脅し、「海兵隊の抑止力」の虚構で混乱させ、ついに鳩山氏を屈服させた。

鳩山政権の崩壊は、長年にわたる自民党支配政治からの「変革」を求める、国民の切実な希望を大きく傷つけた。鳩山氏と民主党の責任は重いが、そこまで追い詰めた大手メディアの罪を、綿密に調べ上げ、追及し、裁かなければならない。「罪万死に値する」のは『日経』を含む大手メディアではないのか。

鳩山政権の崩壊は、米国務省と国防総省・軍のメディア作戦、自民（自公）政権の残党と外務省と防衛省（庁）のメディア工作、そして、それに協力する日米の安保ロビーたちによる、いわば総力戦の結果だった。それはまた、改定安保条約体制の下での、対米従属的な日米関係報道の仕組みを、改めて露呈したのだった。

●『読売』と同じになった『朝日』

鳩山首相を追い詰めた、メディアのキャンペーンがどのように進んだか、主として『朝日新聞』の報道から見よう。なぜ、『朝日』かを説明すると、わたしが『朝日』をしっかり読んでいることもあるが、それよりも今回の普天間移設問題で「読売新聞の主張とそっくり」（『朝日』OB柴田鉄治氏、『沖縄と日米安保』社会評論社）の社説を書くまでに変節してしまったからだ。この『朝日』の変節が、これまで『朝日』を信頼してきた多くの読者の不信と怒りを生み、『読売』『日経』『産経』とその系列テレビ局への怒りと重なって、かつてないマスコミ不信を拡げた。

この変節ぶりは二〇一〇年一月の名護市長選で、辺野古移設拒否を明確にした稲嶺市長が勝利し、地元住民多数の意思が明確になって以後、軌道を回復し始めたように見える。

普天間移設問題で、全国の新聞を、おおよそ分類すると、日米関係の「危機」や「亀裂」を強調して〇六年合意実施を鳩山政権に迫った『読売』『産経』『日経』。米側の「不信」「いらだち」「憤まん」などで早期結着（意味するのは〇六年合意での）を迫った『朝日』。『毎日』は多様。一方、沖縄県民の立場尊重に重点を置いた『東京』を含む地方紙の大部分。現地沖縄の『琉球新報』『沖縄タイムズ』は四・二五沖縄県民大会が決議した「普天間基地閉鎖を、県内移設許さない」立場を貫いた。NHKのニュース部門、企画報道部門は比較的公正で意欲的だったが、自民党政権時代からほとんど顔ぶれが変わっていない解説委員室主導の日曜討論や解説は、旧態依然で、外部の見あきた安保至上派と〝掛け合い漫才〟をやって鳩山攻撃を続けた。

では、紙面の一部を引用していこう。

『朝日新聞』は総選挙二日前の二〇〇九年八月二八日、オピニオンページ全面を、米下院議長としてブッシュ政権を支えた共和党右派のニュート・ギングリッチとブッシュ前政権前半の国家安全保障会議日本・朝鮮担当部長を務めたマイケル・グリーンの長大なインタビューで埋めた。そのなかでマイケル・グリーンは「安定した新政権を期待――外交安保の機能不全防げ」の見出し。「もし海上自衛隊がインド洋の給油活動から撤退すれば、日本はこれまでのように重視されなくなるだろう」「（かりに民主党が政権を取った場合）米軍普天間飛行場の移設計画を変更すると言ったら、沖縄に駐留する米海兵隊のグアムへの移転も止まることになる」「だから民主党にとって、現行の沖縄に関する政策の実現を延期、あるいは中止することは、非常に危険なことだ」と脅した。

投票日直前に、選挙の重要な争点である、自衛隊の給油活動と普天間移設問題で、民主党の政策を攻撃する米国の論者二人の主張で一ページを埋めること自体が異常だ。常識的にも、逆な立場の論者の主張を同じだけのスペースで掲載し、バランスを取るべきなのだが、『朝日新聞』はそうせず、一方の主張を載せただけだった。『朝日新聞』がおかしいぞ、と私はその時に直感したが、鳩山政権発足後、それが顕著になった。

●「日米関係の危機」の大合唱

鳩山政権は発足への与党三党連立合意で「沖縄県民の負担軽減の観点から、米軍再編や在日米軍基地のあり方についても見直しの方向で望む」と明記、鳩山首相は二〇〇九年九月の訪米の際に同行記者団に「県外移設を前提に見直す」との考えを語った。選挙での公約を再確認した当然の発言だった。

しかし、この三党合意や鳩山発言に対し、日本では外務省北米局OBや自民党の安保至上派、米国側では国防総省、国務省および周辺の日米安保専門家（多くがブッシュ政権で日米関係の担当官、日本メディアの情報源）が、攻撃を始めた。先に紹介したマイケル・グリーンはさっそく「鳩山政権は社民党と手を切るべきだ」と主張した。

翌一〇月にはゲーツ国防長官が来日、二一日の北沢防衛大臣との会談で「普天間移設がなければ海兵隊のグアム移設はない。沖縄への土地返還もない。現行通りに進まなければ米軍再編全体が停滞する」と脅した。沖縄駐留海兵隊（第三海兵遠征軍）の本部と主要部分八千人のグアム移駐は米軍再編計画の一部であり、移設先がどうなっても、移駐計画全体を中止することなどあり得ない。日本政府をなめきった「ハッタリかます米国の常套手段」（『週刊朝日』）だったが、『読売』のように一面トップではなかったものの、『朝日』本紙も一面に大きく報道した。

一〇月二三日には、「米高官『もっともやっかいなのは日本』――鳩山政権へ批判相次ぐ」（『朝日』の見出し）と『ワシントンポスト』と『ウォールストリート・ジャーナル』の記事をまとめて大きく報道。前者は米国務省高官の発言、後者は元ホワイトハウス国家安全保障会議部長のC・レディの「拡がる日米同盟の危機」と題した論文の転電だった。その頃から、「日米同盟の危機」「日米関係の亀裂」「きしむ日米関係」などの脅し文句が連日のように見出しとなって、各紙で報道されるようになった（以下『朝日』の紙面）。

一一月七日――一面トップ〈会談直前きしむ日米――オバマ大統領一二日初来日――普天間問題憤る米――先送り発言「無責任」〉

一一月一六日――〈政権二ヵ月　陰る勢い――首相発言に危うさ――対米関係　強まる懸念〉

一二月四日――鳩山首相が「グアムへすべて移設するということは、米国の抑止力を考えたとき、妥当かどうか検討する必要がある」と発言。

一二月五日――〈漂う普天間移設――米、いらだち隠さず〉〈このままなら、状況さらに困難〉〈首相迷走　狭まる選択肢〉

一二月九日――〈普天間暗礁　同盟に影――沖縄軽減　米の合意必要〉

一二月一六日――〈米海兵隊「先送り遺憾」〉海兵隊制服組トップのコンウェイ総司令官の記者会見。夕刊一面準トップ。

一二月二二日――〈国務長官、不快感を表明、普天間移設駐米大使呼び出し〉

二二日の記事は、藤崎駐米大使とクリントン国務長官の会談記事だが「クリントン長官が同日急きょ、藤崎大使を呼んだもので、こうした形で国務長官と大使が会談するのは極めて異例。クリントン長官は、新たな移設先を探す鳩山政権の動きに不快感を表明し、現行計画の早期履行を改めて求めたと見られる」「藤崎大使は会談後記者団に対し、『長官が大使を呼ぶということは、めったにないことだが……』」と報道した。

ところが、この「呼び出し」は嘘だった。国務省スポークスマンの次官補が翌日、記者会見して「大使は呼ばれたのではなく、大使の方から会いに来てクリントン長官のもとに立ち寄ったものだ」と「呼び出し」を否定。長官は「現行計画が最善だと思うが、日本政府と協議を続けていく」と従来通りの公式の立場を語ったのだった。この「呼び出し」報道は、駐米大使館の歪曲情報にワシントン駐在日本メディアが飛びついたのだろう。

一二月二五日――鳩山首相「五月までに決めたい」と期限を自ら設定。

一二月二七日――〈首相グアム移設無理――普天間・国内中心に検討へ〉

一二月二九日――社説〈本気で『県外』探ってみよ〉

二九日付『朝日新聞』社説では、「まずは沖縄県外に移す可能性をとことん追求すべきである」と書きながら、「積極的に米軍基地を受け入れようという自治体を見いだすことができるはずもない」という。そして「ただ大事なことがある、日本防衛や地域の安定のため、沖縄の海兵隊が担ってきた抑止力は何らかの形で補う必要がある」と抑止力論を念押しし、「鳩山首相が普天間の海兵隊すべてをグアムに移すのは難しいと語ったのは、意味のある論点整理だった」と首相を持ち上げた。この社説は「県外」を見出しに使ってはいるが、「国外」（グアムやテニアン）の可能性はまったく除外した。

こうして鳩山首相は、米国側の頑な拒否と大手メディアの攻撃に抗しきれず、「国外」をあきらめ、国内を探すが、打診されたすべての自治体が拒否し、海兵隊がどれほど国民に嫌悪されているかを明らかにしただけで終わった。

しかし五月二一日の『朝日』社説「米国優先は禍根を残す」はこう主張した——「沖縄が反対する県内移設を米国と合意して政府方針とするなら、鳩山政権が結局は沖縄よりも米国との関係を優先したということになる」として「態勢を立て直し、安保とその負担のあり方を米国と、沖縄と、そして国会で議論し直すことを改めて求める」と主張した。遅すぎた。

鳩山首相は、国内移設が困難だと判断して「議論し直す」ことも当然できたはずだが、わざわざ辺野古移設を再確認する新たな日米合意を決定、最悪の選択肢を選んで沖縄県民を裏切り、辞任した。

六月一日『朝日』は、四面トップ〈普天間　米では微風——『同盟の火種』避ける〉の記事冒頭で次のように書いた。「鳩山政権を揺るがす米軍普天間飛行場の移設問題は、オバマ政権にとって、軽視はできないものの、山積する内外の難題と比べれば小さい問題との認識だ」。

一体どうなっているのかと思ったが、この一〇ヵ月間、『朝日』内部で何が起こったのだろうか。

●日米安保報道の仕組み

普天間移設問題の報道も、現地沖縄からの報道は別として、長年にわたる自民党政権下の日米安保報道の仕組みの中で行われた。主に記事が書かれるのは、外務省記者クラブとワシントン支局。現地はもちろん那覇支局。

外務省は北米局、駐米大使館が緊密に連携してメディア対策を行う。外務省は長年にわたって〝米国の要求に従うことが日本の利益になる〟という対米従属の省内論理を徹底してきた。米国の利益、日米同盟関係のためであれば、メディア、国民に対して嘘をつく。核持ち込み密約を否定し続けたのもその一例だ。外務省担当記者は、記者会見と北米局幹部の取材を柱に、官邸、防衛庁などからの補強情報を加え、必要があればワシントン支局と連絡し合い、確認や補強取材をして、記事をまとめる。アメリカ側の記事は、ワシントン支局、主として政治部出身の記者が書く。日本大使館、日本外務省はじめ米国務省、国防総省、軍の発表や記者会見、日米関係情報通からの取材、『ワシントンポスト』などの新聞とテレビの報道を材料にまとめる。こうして東京とワシントンで日常的に記事が書かれており、逆な立場、批判的な立場あるいは虚偽を暴くような取材、情報が入る仕組みがない。

米国には、冷戦以後もほとんど変わらない、巨額の予算を食う全世界での軍事基地と兵力配置に批判的な政治家、ジャーナリスト、知識人が多くいるが、その人たちの批判はほとんど報道されない。

米国政府とくに国防総省は、ベトナム戦争で反戦世論を高めてしまった反省から、メディア対策を八〇年代に全面的に立て直した。九〇―九一年の湾岸戦争では、情報と取材を厳しく管理・制限。有利な情報と欺瞞情報の積極的提供、全米ネットTVと全国紙への直接的な働きかけによって、政府寄りの大キャンペーンに成功した。アフガン戦争、イラク戦争では、ブッシュ大統領お気に入りのFO

Xテレビなども登場し、全体としてメディアの政権寄りの姿勢、報道がさらに進んだ。それによって、米国の新聞、テレビの報道に依存することが多い、日本メディアのワシントン報道も大きく影響されている。

日本メディアへの対策では、国務省も国防総省・軍も日本担当デスクを作り、対日政策に関わってきた高官とともに専門家や元軍人（省内ポストと大学やシンクタンクを出たり入ったりする、日本語ができる人も多い）が日本人記者と積極的に応対し、働きかけた。肩書を略すが、普天間問題で日本の新聞、テレビがコメントさせ、コラムを書かせて使いまくったナイ、アーミテージ、キャンベル、グリーン、ローレル、マイヤーズ、ジアラなどの顔ぶれだ。「ジャパン・スクール・ハンド」とも呼ばれる「日米安保で飯を食べている」（寺島実郎『世界』二〇一〇年二月号）日米安保ロビーたちだ。

おもに外務省記者クラブ、ワシントン支局で書かれる普天間移設問題の報道が、自民党支配時代と同様、米国政府・軍と日本外務省の主張を代弁する内容になっても、紙面上は沖縄現地からの報道をはじめ、集会や有識者のアピールなどの報道と解説、コメントあるいは座談会などで、バランスをとることはできたはずだ。だが実際には、そのような努力は「声」欄など以外では見えず、日米関係の危機だとか海兵隊の日本駐留は〝抑止力〟として必要だ、といった解説やコメントが大半。そのために、新聞やテレビが使いまくったのが、日米の〝専門家〟と称する日米安保ロビーたちだった。

日本側でメディアがよく使ったのが、外務省や内閣調査室、防衛庁さらに大学の出身者や現役たち。小泉政権で首相補佐官や参与に登用された岡本行夫（外交評論家、元外務省北米一課長）、森本敏（拓殖大教授、元外務省安全保障政策室長)、加藤良三(前駐米大使)の名前だけで十分だろう。

『朝日』や『読売』あるいはNHKが、彼らをどれほど使ったのか。一方で、「最低でも県外移設」を支持する日米安保体制に批判的な人たち、例えば『世界』の執筆者たち、本書の執筆者たちのような立場の人たちに発言を求めたか。その比率はどのくらいだったか、を調査することが必要だ。おそらく九対一にもならないのではないか。それほど普天間移設問題についての報道は偏向していた。その報道姿勢は現行日米安保条約五〇周年の特集企画にも露骨に現れた。

●「抑止力」の虚構

こうして総動員された日米安保条約体制・同盟至上派、上記『世界』の寺島実郎論文では「日米安保にまつわりつく人たちの腐臭はすさまじい」とも評された(私もまったく同感)ロビーたちが、「最低でも県外」に反対し続けた論拠は、沖縄駐留海兵隊の「抑止力」だった。説明しきれないと悟った人は、沖縄海兵隊とは言わずに「在日米軍の抑止力」にすり替えた。

鳩山首相が「最低でも県外」の公約を裏切ることを口にし始めた一二月初めから、その言い訳は「抑止力を考えると」だった。しかし、その「抑止力」を説明できなかった。先に紹介した二〇〇九年一二月二九日の『朝日』社説でも、まるで沖縄海兵隊の「抑止力」は既定の事実のように書いているが、その説明はない。

世界に展開する米軍基地の中で、戦争への派遣やごく小規模な任務以外、海兵隊が常駐しているのは沖縄だけである。米国の同盟国、友好国はたくさんあるが、なぜ日本だけに海兵隊の「抑止力」が必要なのか。これを説明したメディアはまったくない。

大手メディアも日米安保至上派も「沖縄海兵隊の抑止力」の説明には苦労している。〝専門家〟が説明するのは、朝鮮有事、台湾有事、離島防衛だ。だが、北朝鮮は中国に食糧・エネルギーを大きく依存し、中国、米国、韓国の巨大な軍事力に包囲され、暴発すれば一日のうちに消滅してしまうことを十分認識している。沖縄海兵隊が「海軍の作戦に必要な陸上拠点を確保する」（森本敏、『朝日新聞』五月二三日）などの想定は、米国防総省の戦略家たちが聞けば笑いものになるだろう。

台湾有事の際に海兵隊が上陸して、米中戦争をやるのか。それとも大陸に上陸するのか。日本の離島防衛に海兵隊が出動するのか。

要するに「沖縄海兵隊の抑止力」は、沖縄占領以来の海兵隊の既得権益を守るための虚構なのだ。大手メディアはその虚構を追及する報道をほとんどしていないが、数少ない例外を紹介したい。

一〇年七月一六日付『琉球新報』一面トップ「在沖米海兵隊　拡がる不要論　下院の重鎮『冷戦の遺物』」。与那嶺美千代特派員電だ。米民主党の重鎮フランク下院歳出委員長と共和党のロン・ポール下院議員が七月六日、有力サイト『ハフィントン・ポスト』に投稿したのがきっかけとなり、一〇日の大手テレビのMSNBやCNN、公共ラジオ局での発言、一二日の『ウォールストリート・ジャーナル』紙の報道をまとめた記事。これらのメディアで両氏は、二〇一〇年度の軍事費六九三〇億ドル（約六一兆円）が歳出全体の四二％にも上り、経済活動や国民生活を圧迫していると説明。米国が超大国として他国に関与することが、逆に反米感情を生みだしている側面も指摘した。

公共ラジオ局でフランク氏は「一万五千人の在沖海兵隊が中国に上陸し、何百万もの中国軍と戦うなんて誰も思っていない。彼らは六五年前に終わった戦争の遺物だ。沖縄に海兵隊は要らない」と訴えたと与那嶺特派員は書いている。

●沖縄県民は騙されなかった

このような大手メディアの「日米関係の危機」「沖縄海兵隊の抑止力」の大がかりな虚偽報道の圧力で、鳩山政権は公約を裏切り、崩壊してしまったが、沖縄県民は騙されなかった。一〇年一月の名護市長選、九月の名護市議選では、海兵隊普天間基地の県内移設の日米合意を拒否する人たちが勝利した。一〇月一五日、名護市議会は五月の日米合意の撤回と県外移設を求める意見書を決議した。そして一一月の沖縄県知事選挙では現職の仲井間氏が、従来の県内移設容認から県外移設へと方針を転換の末、再選。これで、政府が法を改悪して強行しない限り、県内移設は不可能になった。

それでも、米国防総省は米軍再編計画に従い、沖縄駐留海兵隊の本部と主要部隊のグアム移転を、日本政府に移転経費の六割、約六一億ドルを負担させて進めるだろう。現地の環境整備で大幅に遅れる見込みだが。残りの部隊の普天間居座りを許してはならない。そのために、沖縄県民を先頭に、海兵隊移設受け入れを拒否したすべての自治体そして私たちの戦いは、これからである。

3　領土とは
——尖閣諸島、北方領土問題と平和的な東アジアへの展望——

丸山　重威

二〇一〇年九月、尖閣諸島沖で中国漁船と巡視船が衝突事件を起こし、漁船の船長が逮捕された。日本からの訪問団の訪中が中止されたり、各地で反日デモが起き、船長は釈放されたが、日中間の外交問題に発展した。

国土交通大臣として、船長逮捕に主導的な役割を演じ、内閣改造で横滑りした前原誠司外相は、米国訪問でクリントン国務長官から「尖閣問題は安保の範囲内」との発言を引き出したが、問題は領土問題から「安保条約」にまで広がっている。

折からソウルのG20（主要二〇ヵ国・地域）の首脳会議や、横浜のAPEC（アジア太平洋経済協力）の首脳会議が開かれた。日中関係の修復が問題になり、首脳間では「会談」が行われ、「戦略的互恵関係」が確認された、と報じられた。しかし一方、国内では、海保が船上で撮影した映像の公開が問題になり、一一月五日には映像がインターネットの画像投稿サイト「ユーチューブ」に掲載され、流した海上保安官が書類送検され、処分された。

そうした動きが続く中、ロシアのメドベージェフ大統領は一一月一日、「北方領土」の一つ、国後島をソ連、ロシアを通じて最高指導者として初めて訪問した。

地球上でそれぞれの国が活動し、活動が活発になるほど、その境界線付近での接触や事故も増える。尖閣諸島で起きた事件は、北方領土問題を含め、日本の戦後処理の基本にも関わっている。

●衝突事件

報道によると、巡視船と漁船の衝突事件が起きたのは、七日の午前一〇時一五分ごろである。尖閣諸島の「久場島」北西約一二キロの日本領海内で、第一一管区海上保安本部の巡視船「みずき」が中国のトロール漁船を発見。停船を求めたが、漁船は逃走。その際、漁船は二隻の巡視船に二度にわたって衝突した。漁船は午後一時ごろ、ようやく停船、巡視船の立ち入り検査に応じた。

ちょうど、民主党代表選で菅、小沢両氏がしのぎを削っていた時期で、報道によると、鈴木久泰海上保安庁長官には一一時すぎ連絡が入り、前原誠司国土交通相（当時）が同長官に「逮捕すべきだ」と指示、夕刻には首相官邸で仙谷由人官房長官も、海保と外務省の報告を聞いて、逮捕の方針を確認した。

これに基づき、石垣海上保安部は、八日午前二時すぎ、領海の洋上で、漁船のチャン・チーシォン船長を逮捕、同日朝、漁船を石垣島に回航して取り調べた。那覇地裁石垣支部は一〇日、同船長の一〇日間の拘置を認めた。保安部は、一三日には、船長だけを残して乗組員一四人を中国政府のチャーター機で帰国させ、船も代理人船長で出航させた。

これに対し、中国政府が抗議、様々な交流が中断された。一方で、中国各地に「反日デモ」が広がり、日中関係の「険悪化」が心配された。那覇地検は九月二四日、船長を処分保留のまま釈放、帰国した船長は大歓迎されたが、相互の不信感はいっそう高まった。

●尖閣諸島

尖閣諸島については、日本政府は、明治一八年（一八八五年）から尖閣諸島を調査、どこの国にも属していないとして、明治二八年（一八九五年）一月、閣議で沖縄県に編入を決めた。日本人が入植、アホウドリの羽毛の採取やカツオブシの製造などが行われたという。沖縄が米軍に占領されていた間、日本の施政権は及ばなかったが、沖縄返還で復活した。中国も一九二〇年には、中国の長崎総領事が日本領であることを認めた感謝状を書いていたり、五三年一月の『人民日報』が琉球群島の一部と認めた記事を掲載したりしているなどの事実もある。

しかし一方、尖閣諸島を「釣魚島」と呼ぶ中国には、一四世紀にこの島を発見し、命名した、との説がある上、沖縄がまだ日本に返還されず、米国によって支配されていた時期の一九七一年一二月、外交部声明で尖閣諸島の領有権を主張した。さらに一九九二年には共和国領海法を制定し、釣魚列島は自国領と記載した。この地域の海底に天然ガス田があることがわかり、その開発についての権利が浮上したことも影響しているとみられている。

この問題は、日中平和友好条約の締結でも問題になったが、条約交渉ではこれに触れないことで一致、条約が結ばれた。一九七八年一〇月、批准書交換のため日本を訪れた当時事実上の最高指導者だった鄧小平副首相は、日本記者クラブで「確かに尖閣諸島の領有については食い違いがある。だが、こういう問題は一時棚上げしても構わない。次の世代はわれわれよりもっと知恵があるだろう。皆が受け入れられるいい解決方法を見出せるだろう」と話し、棚上げしたままの状態が続いていた。

それからすでに三〇年が経過、改めて「知恵」を出さなければならない時代に差しかかっているのだろうが、ここで考えなければならないのは、こうした問題こそ、「戦略的互恵関係」の精神で、双方が納得する解決策を見出していくことが大切ではないか、ということである。

●日中間の食い違い

そうした観点から、今回の漁船衝突事件を巡って起きた問題について、まず、事件の性格をどう見るかについての日中間の受け止め方が大きく食い違っている。日本では、漁船が領海内に入ってきたので注意し出るように伝えたところ、それに従わないで衝突を繰り返した、という「悪質」な事件だが、中国側からいえば、「進路を妨害して立件しようとした」という事件である。

中国政府に近いある日本研究者は、同年一一月上旬、たまたま訪中していた私に、「中国は領土問題についての主張は取り下げないが、日本の巡視船がパトロールしていることを黙認し、事実上『実効支配』を認めている。それなのに、船長を逮捕し拘留して、問題を領土問題にした。問題を作ったのは日本政府だ」と指摘、「沖縄の基地を存続させたい米国とそこに従属する勢力が仕組んだ自作自演の事件だ」と述べている。

また、「反日デモ」についても、中国でこの問題に関するデモが拡大したのは一〇月一六日以降である。これは日本で、田母神俊雄元空将補を会長とする「頑張れ日本！ 全国行動委員会」が中心になって一〇月二日、代々木公園などで「中国の尖閣諸島侵略糾弾！ 全国国民統一行動」と銘打って集会を開き、デモ行進したことが反発を高めたという。これは、日本のメディアではあまり報じられなかったが、海外メディアで大きく報じられていた。

当初、日本の中国侵略の契機となった一九三一年九月一八日の柳条湖事件を記念する各地のデモでこの問題が取り上げられることを静観しているようにみられた中国政府だったが、この「反日デモ」については、行動についても報道についても、抑制的に動いた。

日中間の問題とは別に、クリントン長官が「安保の範囲内」と言ったことについては、中国は「米国は言動を慎むべきだ」と露骨に不快感を示している。尖閣諸島問題が「安保の範囲内」なら、北海道の一部の「北方領土」も、島根県に属する竹島も「安保の範囲内」になってしまう。

また、今回の事件では、海上保安庁は、現場の映像を記録しており、この映像は早い段階で庁内に流され、同庁とその船舶などではかなり広く共有され、「秘密」でも何でもなかった。しかし、その映像を、政府が「非公開」とし一部の議員だけに見せるといった措置をとったことが、問題をいっそう複雑にした。

一一月五日、インターネットの「ユーチューブ」に、この漁船衝突の映像が約四四分間分、投稿された。警視庁は、国家公務員法の「守秘義務」違反で捜査。やがて、神戸海上保安部の一色正春保安官（四三）が投稿したものと分かった。一二月二三日、警視庁は同法違反で書類送検、海保は保安官を停職一二ヵ月、鈴木久泰長官を減給一〇分の一、一ヵ月など二四人を懲戒処分にし、同保安官は辞職した。

情報とはどう覆い隠しても、いつかは、必ず明らかになるものであり、いつかは公開されるものだった。しかし、その映像なるものは、現場の状況をどう切り取ってどう伝えるかによって、ある立場からは有利な形にもできるし不利な形にもできる。そこでは、ナショナリズムを煽ることにも、友好を進めることにも使える。

ネット時代は、その情報伝達の機会とスピードをこれまでとは格段にアップさせ、いままではプロしか扱えなかった情報に誰もが接触し、伝えることができるようになった。今回も映像が流出したことによって、多くの人たちがそれを見ることができるようになり、事件の真相への関心を集めた。しかし、映像は常にその撮り方や位置、編集によって、様々な判断ができる。

国会内で政府が提供した映像を見た議員たちの反応はまちまちだったが、流出映像について『朝日新聞』は、「漁船の悪質さ強調し編集?」と報じている。

こうした時代、メディアの国際報道は、偏見と誤解を排し、疑惑や不振を、お互いの風習や生活も含めて相互理解をすすめる役割を担っている。この観点から見ると、日中報道も、日朝報道もお互いの「違い」を強調する方向に流れ、「相互理解を進める」観点が不足しているのではないか、と思えてならない。

⓲ロシア大統領の国後島訪問

今回、尖閣諸島が問題になっているさなか、一一月二日、ロシアのメドベージェフ大統領が国後島を訪問した。日本政府は、河野雅治駐ロシア大使を「事情を聞くため」として一時帰国させたが、ロシアの有力紙『コメルサント』は、一一月一五日、「ロシアは今後、北方領土問題について日本と交渉しない」「日本は四島返還という『漫画的な現実』にこだわっている」という政府筋の見解を伝えている。

一九五六年、鳩山一郎首相とソ連のブルガーニン首相との間で結ばれた「日ソ共同宣言」では、「平和条約締結後に歯舞群島、色丹島を引き渡す」と決め、日ソは国交を回復した。歯舞、色丹について決めたこの共同宣言については、一九七三年の田中・ブレジネフ会談、一九九三年のエリツィン大統領来日、二〇〇〇年のプーチン大統領来日、二〇〇一年の森喜朗首相とプーチン大統領との「イルクーツク声明」で、それぞれ確認されてきた。しかし、日露の平和条約交渉は、領土問題がネックになって、半世紀以上進んでいないのが現実だ。

確かに、北方領土問題は「固有の領土」の歴史的な意味や、国際条約における位置づけなども尖閣諸島や竹島問題とは違っている。その上、現実にその土地で生活し、突然追い出された旧島民がいることも、他の二島とは状況が違っている。つまり、歴史的に見ると、北方領土については、尖閣諸島以上に複雑な経過をたどっている。

まず、一八五五年（安政元年）、徳川幕府時代に、大目付格・筒井政憲、勘定奉行・川路聖謨と、ロシア側全権プチャーチンとの間で「日魯通好条約」が締結され、択捉（エトロフ）と得撫（ウルップ）の間を国境とし、いわゆる「北方四島」の日本領有が決まった。
そして当時、日露間で共同統治のような形になっていたといわれる樺太について、ロシアの領有を認め、千島を日本領とする「樺太千島交換条約」が結ばれた。一八七五年（明治八年）のことで、その結果、カムチャッカ半島の南西にある占守（シュムシュ）島までの千島列島全体が日本領になった。ここまでは、間違いなく平和的な領有だった。

しかし、ロシアは日露戦争の結果、一九〇五年、「ポーツマス条約」で南樺太を日本に割譲、日本の版図を広げた結果、問題は複雑になった。

第二次大戦で米国は、南樺太と千島をソ連領とすることを条件にソ連の参戦を求め、一九四五年二月のヤルタ会談ではこれが約束されており、ソ連は参戦後、八月から九月にかけて、千島、樺太と北方領土全域を占領した。この地域の日本人は全員帰国させられた。

一九五一年（昭和二六年）のサンフランシスコ講和条約で日本は南樺太、千島列島を放棄、それ以来、ソ連―ロシアが実効支配しているのは事実だ。

さらに、北方四島への訪問がソ連のビザで行われていることが分かったため、一九九一年（平成三年）、ソ連・ゴルバチョフ大統領が来日した際、日本国民と北方四島在住ソ連人との交流拡大や、日本人の北方領土訪問の無査証の枠組みを作ることが確認され、「ビザなし交流」もできるようになっている。平和条約交渉や領土問題を避け、実効支配を認めて現実的に処理している、とも言えるだろう。

しかし、日本は二〇〇九年夏、四島を「わが国固有の領土」と明記した改正北方領土問題等解決促進特別措置法（北特法）を成立させた。そして、前原誠司北方担当相（当時、現外相）が二〇〇九年一〇月、「北方領土はロシアに『不法占拠』されている」と発言したことは、ロシア側をいらだたせた、という指摘もある。

この発言は、問題解決のための現実的な方策もないまま、不用意な発言をしたことになり、この問題を課題として提起したことになる。日ロ関係に意欲を見せた鳩山由起夫政権下でのことだったが、こうなれば、正式に話し合いを始める以外に解決はない。

つまり、尖閣諸島は日本が、竹島は韓国が、北方領土はロシアが「実効支配」しているのは現実である。そのことを前提として考えれば、「北海道の一部」だとする北方領土も、沖縄の一部である尖閣諸島同様、「安保の範囲内」と言うことになるが、米国はメドベージェフ訪問後、クローリー国務次官補が「北方領土については、日本の施政権下にないため安保条約は適用されない」と述べている。韓国との間の竹島についても、同様だろう。

尖閣諸島については、もうひとつ重要な問題が指摘されている。

雑誌『世界』二〇一一年一月号の豊下楢彦関西学院大教授の論文によると、尖閣の島のうち、事件が起きた場所に近い久場島と大正島は、米海軍の海上訓練区域に指定されており、二〇〇八年一〇月の麻生内閣答弁書では「空対地射爆訓練」などについて使われ、二〇一〇年一〇月の菅内閣答弁書では、立ち入りには「米軍の許可を得ることが必要」とされている、とのことである。

豊下教授は「尖閣諸島に関する限り、米国は、今日に至るまで米軍がその『一部』を訓練場として支配してきたという経緯からして、決して第三者ではなく当事者そのものである」と指摘、「日本は、米軍の管理下にある久場島と大正島の防衛のありかを明確にさせねばならない。はたして米軍が両島を守っているのか、あるいは米軍の『管理区域』を海上保安庁や自衛隊が防衛しているのであろうか」と書いている。

安保条約とは何だったのか？　領海侵犯だというなら戦争を始めなければいけないことになるのだろうか。

●領土とは？

かつて「領土」は、一分たりとも譲れない国家の絶対的な存在基盤として、戦争の原因にもなるものだった。しかし、現代は戦争をして領土を取り合った時代とは違い、むしろ国境を越えた自由な行動が広げられなければならない時代である。

古代、倭国は朝鮮半島の南部と北九州の一部を包含していたと言われるし、交易の国だった琉球王国の歴史もある。中国大陸の南、福建やベトナムからは、初夏の頃、黒潮に乗ってくれば、五、六日で九州やその周辺の島々に漂着する。そんな中から「日本人」が形成されている。

日本は「戦争をしない」ことを決め、「全世界の国民が、ひとしく恐怖と欠乏から免かれ、平和のうちに生存する権利を有することを確認」したことを憲法でうたった。

その日本と近隣諸国の「知恵ある世代」が考えなければならないのは、お互いが障害なく生計を立て、互いに利益を上げる手だてを共同で考えることである。簡単に言えば、地下資源は共同で開発し、漁業では、無理のない自由操業を保障する方策を尽くすことにほかならない。

北方領土についても旧島民への補償をきちんとし、生活基盤を整備し、故郷への往復の自由を確保するとともに、漁船の安全操業や、資源の共同開発など、具体的な施策を講じる中で解決の道を探って行かなければならないのではないだろうか。

「領土」を主張することは、その地域について、そこに住んでいる島民、関係がある全ての人々はもとより、棲息する鳥や獣、草木を含む自然環境にまで責任を持つ、ということでもある。「実効支配」とはそういうことだ。

一九九八年（平成一〇年）調印の「日韓漁業協定」では、竹島問題については棚上げし、竹島がないものとした両国の中間線を基準に、排他的経済水域内に暫定水域を設定、この海域において双方の漁獲を制限付きで認めることになっている。竹島問題では、歴史的には古くからの文書を含めて双方の言い分があり、その後幾多の紛争があったことも事実だ。しかし、韓国側が軍隊の常駐など実効支配を強めている中でも、現実的にはあまり問題は起きていない。

そう考えると、互いに「実効支配の現実」を率直に認めて話し合うことから始めなければならない。「日本の島だ」「領海侵犯だ」「いや違う」と怒鳴り合う前に、考えなければならないことはそのことだろう。

そもそも「領土」とは、いったい何なのだろうか？

4　韓国から見た日米安保体制

権　赫泰（クォン・ヒョクテ）

1　関係論から見た日米同盟

国際的視点を抜きにしては日米同盟は語れないというのは良く指摘されるが、ここでいう国際的視点とは具体的に何を意味するだろうか。国際的視点には二通りの方法がある。一つは、比較の視点であり、いま一つは関係の視点である。

比較の視点は、日米同盟を他の同盟体制と比較することによって日米同盟の特徴を析出する視点である。したがって比較の対象をどう設定するかによって日米同盟の特徴も違ってくる。たとえば、多者同盟体制のＮＡＴＯに対し日米同盟には二者同盟体制という特徴がみられるが、戦後アジアにおいて二者同盟がごく普通であったということを忘れてはならない。米韓同盟、米豪同盟のアンザス、一九七九年に廃棄されたアメリカと台湾の同盟、アメリカとフィリピンとの同盟など、アジアの国々とアメリカとの同盟はすべて二者同盟である。二者同盟の形でアメリカを頂点にしてタコ足的に結ばれており、横の関係は絶たれている。

よく日米韓同盟と言われるが、条約や機構としては三者同盟は実在しない。アメリカと韓国、アメリカと日本という形で同盟関係があるだけで日本と韓国との間には直接には同盟関係はない。またNATOに比べアジアの同盟においてはアメリカの圧倒的な一方性が見られるが、これもアジアの二者同盟の特徴である。またヨーロッパのEUのような地域共同体をアジアにいかに構築するかという問題も出てくるが、多者同盟であるNATOが良くも悪くもEUの歴史的基盤になったとすれば、アジア共同体の建設は当然二者同盟への何らかの見直しをぬきにしては考えられない、ということになる。

また、日米同盟の揺るぎない「剛健さ」をその特徴として取り上げたりもする。もちろんアンザスからニュージーランドが一九八五年に抜け出したり、また一九九〇年代初頭フィリピンがアメリカ軍の影響から離脱したことなどを考えれば、日米同盟の揺るぎない「剛健さ」はきわめて異常である。しかし、「剛健さ」においては米韓同盟も例外ではない。また日米安保条約の「片務性」をあげ日米同盟の不平等性を強調する声もあるが、その不平等性が米韓同盟に比べ際立っているとは言えない。言い替えれば、二者性、片務性、剛健性はもちろんそれ自体として日米同盟の特徴の一端を表している要素であるが、だからといってこれらの特徴を日本だけが背負い、日本だけが「植民地的状況」におかれているとはいえない、ということである。

したがって「植民地的状況」からいかに抜け出すかを考えるときに二者性、片務性、剛健性においてもっとも酷似している日本と韓国の「連帯」は当然の論理的帰結である。しかしこれはあくまでも比較の視点から導き出された論理的帰結であるだけで、現実はそう簡単ではない。なぜかというと、日米同盟と米韓同盟、日本と韓国は、比較の視点から導き出された共通分母だけで語ることができないほど、複雑に相互に絡み合っているからである。したがって比較論に基づいた国際的視点は関係の視点によって補わされなければならない。共通の特徴から「連帯」の当為を語るよりも、共通の特徴にもかかわらずなぜ「連帯」ができないのか、「連帯」を妨げる要因を関係から析出する必要があるということである。

もちろん日米同盟が他の同盟体制と関係・連動していると考えるのは一般論としてはそれほど難しいことではない。アメリカの世界戦略の地球的広がりのなかで、ヨーロッパ情勢のちょっとした変化が日米同盟の在り方に飛び火したりするのは論理の問題でなく実在の問題である。しかし朝鮮半島の日本列島への影響はより直接である。またその逆も同様である。

それは後述する「哨戒艦沈没事件」や延坪島砲撃事件の波長を見れば一目瞭然である。かつて日本の右派が朝鮮半島を日本列島に突きつけられた「凶器」や「銃口」と形容したことがある。隣国を形容する言葉としてはあまりにも露骨すぎるが、その露骨な表現のなかに厳正な現実認識が潜んでいることも否定できない。朝鮮半島が日本列島のあり方にいかに緊要であるかは、自衛隊の前身である警察予備隊、講和条約・安保条約というのが全部朝鮮戦争期にできていることからもうかがうことができる。朝鮮半島との関わりをぬきにして日本の戦後体制は語れないのである。

日本の戦後体制はふたつの戦後の上に成り立っている。世界大戦の戦後と朝鮮戦争の戦後。ふたつの戦後が作り出した構図がいまでも続いているということである。したがって二つの戦後の上に乗っかっている日本の「平和と民主主義」というのは価値としては評価すべきところがないとはいえないが、「平和と民主主義」という「繁栄」を下支えている構造を考えれば、価値だけでは評価しきれない面があるということも否めない。したがって日米同盟からの脱却やその解消の方向は東アジア的波長への冷静な認識の上で展望されなければならない。

2　普天間基地と朝鮮半島

東アジア的波長という関係論から日米同盟を考えるときに、普天間基地問題はたいへん象徴的である。普天間基地は承知の通りアメリカの対アジア戦略において軍事的要である。南北朝鮮の軍事的な対立を前提にし、アメリカ軍をもっぱら軍事的に頼りにしている韓国の保守系にも、普天間基地はたいへん重要である。軍事的リスクを沖縄に押し付け「平和と民主主義」を謳歌しているヤマトにとってはなおさらである。したがって普天間基地国外移転はアメリカ、韓国の保守系、日本にとって一種の災いであるかもしれない。これは韓国の保守政権が普天間基地移転問題をどうとらえていたのかを見れば一目瞭然である。

周知の通り、『文藝春秋』は、韓国の李明博大統領が二〇一〇年六月二六日、米韓首脳会談の場で、オバマ大統領に対し、普天間基地移転問題をめぐり日米が対立の様相を示していることに懸念を表明し、「普天間基地問題のため日米同盟が最悪のシナリオに陥った場合、基地の移転地として韓国国内の軍施設を提供したい」と提案したと報じた（大城俊道「李明博が『普天間韓国移設』を極秘提案」『文藝春秋』二〇一〇年九月号)。この報道を受けて韓国では大騒ぎになり、韓国の大統領府は直ちにこの報道を完全否定したが、この騒ぎは一方では韓国の保守派が普天間基地移転問題からはじまった日米同盟の亀裂の兆しにいかに神経質になっているかを、他方では日本の保守系が韓国の保守派の口を借りて何をかたろうとしているのかをよく露にしていると思われる。

李大統領の口を借りなくても普天間基地移転問題に送る韓国保守系の懸念は多く見られる。たとえば、与党のハンナラ党所属で李大統領の側近と知られる李春植議員は、日本の保守系のシンクタンクの国家基本問題研究所が二〇〇九年一二月にソウルで行ったインタビューに「米海兵隊部隊がグアムに移動すれば、朝鮮半島有事の際の即応体制が弱まる。韓国の安全保障ひいてはアジアの安全保障に影響のあるグアム移転案を、韓国にまったく相談せず、国内政治の都合だけで、突然米側に持ち出す鳩山政権の姿勢に強い不信感を抱かざるを得ない。(中略)米側にも、韓国の安保のためにはグアム移転は駄目との意見を伝えてある」(http://jinf.jp/date/2010/01?cat=4)と答えている。また政府系シンクタンクの韓国外交安保研究院の尹徳敏教授も「普天間の移設先がグアムになった場合、韓国の安保上深刻な影響が出る」とし普天間基地国外移転に懸念を表明している(『産経新聞』二〇〇九年一二月二〇日付)。

普天間基地国外移転に反対している韓国の保守系の立場ははっきりしている。それは、金大中・盧武鉉政権下で推し進められていたいわゆる「太陽政策」(宥和政策)を否定し、北朝鮮との軍事的対決を鮮明に打ち出し、その軍事的不安を米韓同盟の強化で補うという路線である。このため、韓国の保守系は普天間基地の国外移転を日米同盟の弱化とみなし、韓国の安保に大変深刻な影響を及ぼすファクターとしてとらえている。

また鳩山由紀夫元首相も、普天間基地国外移転の公約を反故にし辺野古移転をもりこんだ二〇一〇年五月二八日の日米合意が、哨戒艦沈没事件で緊迫している朝鮮半島の情勢から大きな影響を受けたと漏らしている。また尖閣諸島の領有をめぐる日中間の葛藤も普天間基地の問題と無関係ではない。すなわち、普天間基地問題は日米間の問題であると同時に東北アジアの情勢と複雑に絡み合っている国際的な問題でもある、ということである。

3　延坪島事件と日本

二〇一〇年一一月二三日に朝鮮半島の西海岸で起った「延坪島砲撃事件」も朝鮮半島ひいては東北アジアの情勢がいかに不安定な状況におかれているのかをあらためて示した。朝鮮戦争終了後、北朝鮮による韓国「領土」へのはじめての軍事攻撃である「砲撃事件」は民間人の死傷者が出たということもあって韓国社会に大きなショックをあたえた。

この点を意識してか、北朝鮮は朝鮮通信社の声明（一一月二七日）を通じて「遺憾の意」を表しながらも、延坪島の軍事基地に「民間人を配置し」「人間の壁」をつくった韓国側にその責任があると非難した。北朝鮮の主張通り延坪島の軍事基地が民間人の居住区域に近接していることは事実である。しかし、この声明は、軍事基地への攻撃が民間人を巻き込む可能性が十分ありうるということを北朝鮮が事前に予測していたことを認めたとも読める。したがって民間人の犠牲者が出たことに対する北朝鮮の責任は免れそうもない。

また、延坪島は、白翎島、大青島、小青島、隅島とともに韓国でいう「西海五島」に属しているが、西海五島は北朝鮮も調印した停戦協定により国連管轄の韓国の地とされているので、延坪島への砲撃は明らかに停戦協定違反となる。したがって「砲撃事件」は一見北朝鮮の無謀な軍事行動と見なせるかもしれない。

しかし、ことは簡単ではない。砲撃事件がおこった西海五島は南側が一方的に設けた「北方限界線」と北側が一方的に設けた「西海海上軍事分界線」に挟まれている海域に位置しており、砲撃事件はこの海域の管轄をめぐる争いの性格が強いからである。

南北朝鮮間の「事件」には二通りのパターンがある。一つは、韓国が北朝鮮の「犯行」と断定しているのに北朝鮮はそれを否定している場合。一九六八年の青瓦台襲撃未遂事件（韓国では一・二一事態という）、蔚珍・三陟浸透事件、一九八三年のラングーン爆破事件、一九八七年の大韓航空機爆破事件などがこれに当たる。まだ事件の真偽は明らかになっていないが、二〇一〇年三月に起った謎だらけの哨戒艦沈没事件もこのパターンに分類されうる。

もう一つは、軍事攻撃の事実そのものは認めるものの、その責任をめぐって意見の相違が見られる事件。「北侵論」と「南侵論」が対立している朝鮮戦争はその典型であるが、一九九九年と二〇〇二年に起った第一次・第二次の「延坪海戦」と今回の「延坪島砲撃事件」はこのパターンに値する。韓国は北朝鮮の奇襲攻撃と非難しているが、北朝鮮は南の軍事的挑発への軍事的対応と抗弁する。したがって二〇一〇年の「哨戒艦沈没事件」と今回の砲撃事件は基本的にその性格が異なる。

だとすれば、一九九九年以降、このパターンの事件がなぜ朝鮮半島の西海岸、それも延坪島の周辺で起こっているのか、ということを考えなければならない。結論からいえば、「西海五島」周辺の海域をめぐる管轄争いが砲撃事件の背景にあるということである。

●北方限界線とは

南北朝鮮を隔てる軍事境界線は一九五三年七月二七日に調印された「停戦協定」にもとづいているが、この軍事境界線は西の漢江河口部右岸から東の金剛山付近の海岸「海金剛」に至る二四八キロメートルの陸上に引かれている。すなわち、停戦協定上の軍事境界線はあくまでも陸上のものであって海上のものではないということである。南側が主張する海上の北方限界線（NLL）は、停戦協定調印後の一九五三年八月三〇日にクラーク国連軍司令官（当時）が「国連軍の海上および空中作戦区域の北方限界を指定するために一方的に設定した線」である。したがって一九五三年七月二七日に調印された停戦協定には含まれておらず、国連軍が一方的にもうけた作戦区域にすぎない。停戦協定に「西海五島」の国連管轄の規定がもり込まれているから、西海五島は国連（韓国）管轄、西海五島の周辺海域は「無主の海」という異常状態が続いているということである。

アメリカのブルームバーグ通信の二〇一〇年一一月一七日の報道によれば、一九七五年二月に外交電文を通じてヘンリー・キッシンジャー国務長官（当時）が「北方限界線（NLL）は一方的に

図1　朝鮮半島の西海岸・西海五島

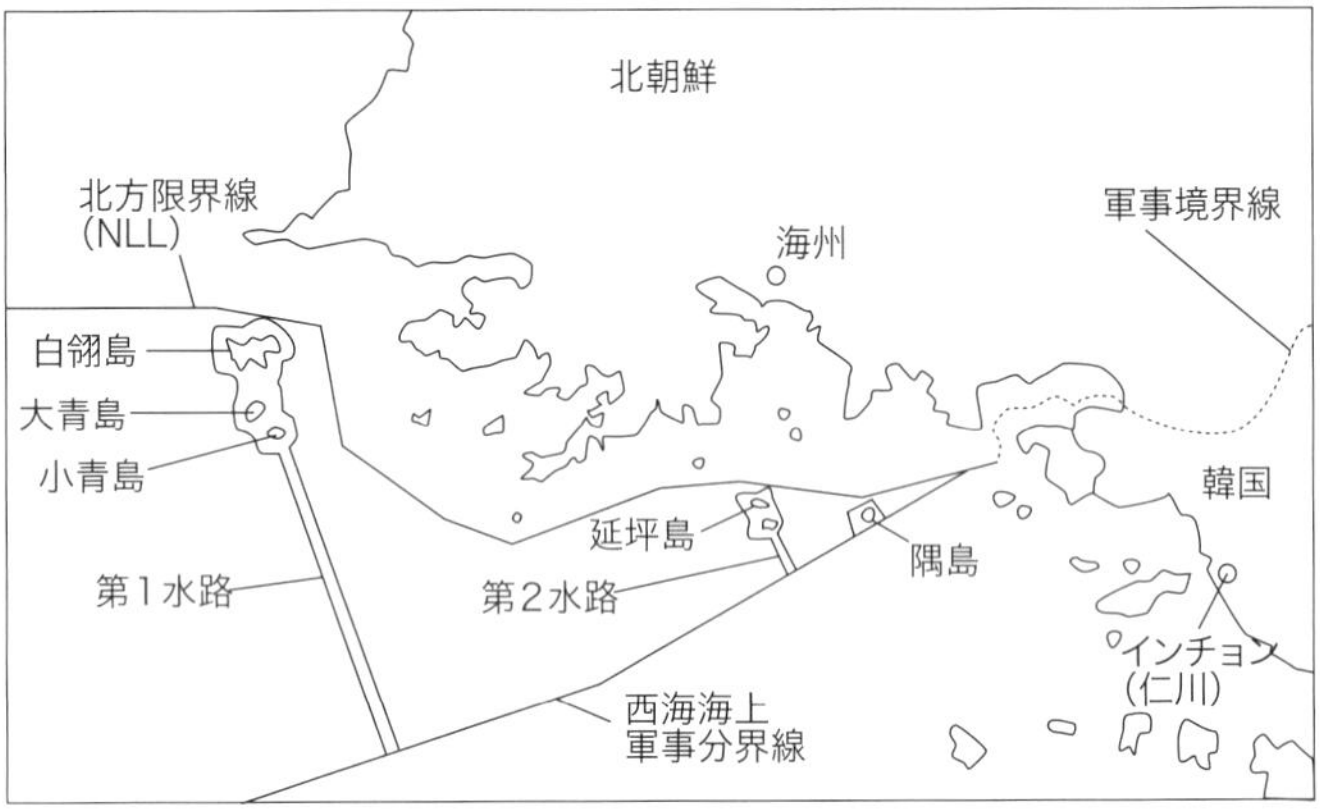

引かれたもので」あるので「国際法に反する」と発言したことを明らかにしている。盧泰愚政権の下で南北間で結ばれた一九九二年の「南北基本合意書」の「付属合意書」にも「海上の不可侵境界線は引き続き協議する」となっている。また金泳三政権下の国防長官も一九九六年国会で「北方限界線は我々が一方的に引いた線」であり、「北方限界線への侵入は停戦協定を違反したことにならない」と発言している。すなわち、少なくとも北方限界線が国際法的な根拠に乏しいことをアメリカも韓国も承知していたということである。

北方限界線に対抗する形で北朝鮮は一九九九年七月に北方限界線の遥か南方に「朝鮮西海海上軍事分界線」をもうけた。したがって一九九九年と二〇〇二年に起った第一次・第二次の「延坪海戦」は「無主の海」の「西海五島」周辺海域をめぐる管轄争いが軍事的衝突にエスカレートした事件であったとも言える（図1）。

したがって盧武鉉政権下の二〇〇七年一〇月の南北首

脳会談で南北首脳が打ち出した「西海平和協力特別地帯構想」は画期的な意味をもつ。共同漁労区域と平和水域の設定、経済特区建設と海州港の活用、民間船舶の海州直航路の通過、漢江河口共同利用などを積極的に推進していくという構想をもりこんだこの案は、最終的には李明博政権の対北政策の硬化で廃棄された。したがって砲撃事件の背景に「西海平和協力特別地帯構想」の頓挫が潜んでいることを忘れてはならない。

金大中・盧武鉉政権下で推し進められていたいわゆる「太陽政策」に、当時の日本の保守層が「反日・反米」政策と非難したことを思い起こせば、「西海平和協力特別地帯構想」の頓挫に日本側がまったく無縁ではない、ということは言うまでもない。しかも、「砲撃事件」の直後、菅直人首相の「朝鮮半島有事の際に自衛隊の派遣もありうる」との発言は、一九六三年のいわゆる「三矢研究」を彷彿させる。

4　日米同盟の解消への動きが意味するもの

平和という価値を声高に語りあうだけでは、朝鮮半島や日本列島を含む東北アジアに平和体制は構築されない。また民間交流や経済協力の拡大が無意味ではないにしても、それが直ちに平和体制の構築に結びつくとも限らない。ここ一〇年間に日中、日韓、韓中、南北朝鮮間に民間交流や経済協力の飛躍的な拡大があったにもかかわらず、軍事的・政治的対立は増すばかりである。したがって東北アジアの諸国間に絡み合っている非対称性の克服がなによりも重要である（権赫泰「日本の憲法問題と日韓関係の非対称性」『軍縮地球市民』、第三号、二〇〇五年、および　権赫泰「日韓関係と『連帯』の問題」『現代思想』二〇〇五年六月号)。

アメリカとの同盟体制の解消もしくは弱化が非対称性の克服に欠かせない条件の一つであることは言うまでもないが、だからといって日米同盟の解消への方向がもたらす新たな不安がないわけではないということも忘れてはならない。その新たな不安とは日米同盟の解消やその弱化が日本の自主防衛におちつく可能性を指す。日米同盟からの離脱の理由を軍隊を持って作戦権を独自に行使できる、主権国家としての権利回復に求め、自主防衛に走っていくならば、日米同盟からの離脱が東北アジアに紛争の新たな火種を撒き散らすことにならないとも限らない。

アメリカの一部に日米同盟を日本軍国主義への「ビンのふた」として位置づける理論がある。日米同盟が日本の軍国主義復活を防ぐ役割を果たしているという意味である。その当否はともかくとして、朝鮮半島からもみれば、日米同盟から日本が離脱して、軍事的自衛権をもち、自主防衛に走っていくことに対する懸念が当然ある。とくに歴史認識をめぐる葛藤がいまだに続いていることを考えれば、歴史認識の問題は過ぎ去った過去の問題でなく、したがって外交安保の問題と切り離せない現在の問題でもある。したがって離脱の方向がどこに向かっていくのかが非常に緊要である。そこで平和憲法が大事になってくる。そうした場合、平和憲法が今のままでいいのかという問題に行き着く。したがって明文改憲反対が平和憲法の形骸化を意味する解釈改憲の容認につながっている現在の状況は、決して望ましくない。

5　グローバル経済の中の日米安保

増田　正人

日米安保条約は、日本経済のあり方に大きな影響を与えている。現行の安保条約では、第二条で「締約国は、その国際経済政策におけるくい違いを除くことに努め、また、両国の間の経済的協力を促進する」と定め、日米の経済関係を規定してきた。具体的には、冷戦体制の中で、アメリカの側では、日本の復興と経済成長をアメリカの世界的な覇権体制を支えるために組み込み、それを活用していくということであり、日本の側では、アメリカの覇権を支えることで世界経済の安定をはかり、そのもとで日本の経済成長を追求するというものであった。

しかし、日米安保条約が前提にした米ソによる冷戦体制は過去のものとなり、世界経済のあり方も大きく変化している。この変化は日米安保条約のあり方にも大きな影響を与え、限定された地域を示す「極東」の範囲がインド洋や中近東を含めた地球的な規模に拡大されている。ある意味で、日本がアメリカとともに世界経済秩序を「支配」する側に立とうとしているということができる。それゆえ、問題はこうした世界の変化に対して、日米安保条約の強化や憲法九条の見直しという方向が正しい選択なのかどうかであろう。

したがって、本稿では、第一に、現代のグローバル経済の特徴を明示することで、グローバル経済と日米安保条約が前提としている世界とが全く異なってしまっていることを示す。第二に、現代のグローバル経済の変化の中で、現行の日米安保を至上とする日米経済協力のあり方が日本の進路と世界経済の将来を大きく制約しており、それが日本の社会に大きな閉塞感を生んでいる一つの要因になっていることを指摘する。最後に、日本と世界が進むべき道についての基本的な方向性を提示していくことにしたい。

1　世界経済の変化と現代のグローバル経済の特徴

●パックス・アメリカーナと日本の高成長

第二次世界大戦後の日本の成長を支えた枠組みは、ＧＡＴＴの下で進められた自由貿易体制とＩＭＦに支えられた固定相場体制を二つの柱にしてきた。植民地を囲い込んだブロック経済が解体された結果、日本は世界各地から資源を安価に輸入し、また、工業製品を世界中に輸出することが可能となった。しかも、固定相場体制によって為替リスクを負うことなく、輸出主導の経済成長ができたのである。それゆえ、日本の経済界からみれば、アメリカへの依存を強めることが日本の成長の条件を作ることを意味していたのである。

しかし、こうした枠組みは一九七〇年代前半にいったん崩壊する。基本的には、インフレーションの進行の下で金とドルとの交換に支えられた固定相場体制が維持できなくなったこと、資源ナショナリズムの拡大の中でオイルショックを契機に資源価格が急騰し、先進諸国の高度経済成長の条件が失われたからである。また、日本等による対米輸出が急増し、アメリカ市場での価格競争が激化する中で、アメリカ製造業企業がコスト削減のために発展途上国へ進出し、国内経済の空洞化が始まったことによる。その結果、アメリカは巨額の貿易赤字と財政赤字に直面することとなる。巨大な軍事力を支えてきた経済力が後退することで、パックス・アメリカーナも動揺するのである。

こうした状況は、冷戦体制の崩壊後、アメリカの新たな世界経済の再編構想の中で、大きく再編されていくことになる。その基本的な考え方は、グローバル経済化によってアメリカ経済の再生を果たし、世界経済における経済ヒエラルキーの再構築を進めるというもので、世界貿易機関（ＷＴＯ）の創設を柱としているものであった。

●世界貿易機関の発足と新しい国際分業

アメリカの貿易収支は、一九七一年に戦後初めて赤字に転換し、一九七〇年代後半以降大幅な貿易赤字を計上するようになった。アメリカは、企業向けの減税や規制緩和・自由化など新自由主義的政策を実行し、国内経済の供給力を強化しようとしたが、多国籍企業が在外生産、在外調達を拡大し、逆輸入を進めたために成功しなかった。国内生産では価格競争に勝てないからである。そして、日本企業などとの価格競争が激化し企業収益が低迷する中で、結果的に、生産から撤退する企業が相次ぐことになる。こうした状況を質的に転換するものとして構想されてきたものが、「研究開発力」「知的所有権」を重視し、情報通信産業の発展をいかして、それを企業収益の基盤に転換する体制を構築する戦略であった。

その経済戦略を具体化した国際機関が世界貿易機関（WTO）である。WTOは一九九五年にGATTを改組して誕生するが、その実態は各国をグローバル経済に統合し、各国に進出する多国籍企業の権利（特に知的所有権）を擁護することで、世界経済の成長を実現し、その収益を多国籍企業とその母国に還流させることができる体制を作るものである。

WTOの第一の特徴は、表1のWTO協定の一覧表にあるように、対象領域が非常に広いという点である。付属書1Aの第一協定「一九九四年の貿易と関税に関する一般協定」とは、WTOが引きついだGATTのことで、第二協定以下の全項目は新たに追加されたものであり、範囲が非常に拡大していることがわかる。内容的には、貿易関連の側面として知的所有権や投資措置も含まれている点が重要である。第二は、一括受諾方式というもので、WTO協定は付属書も含めて全ての協定が一まとまりにされている点である。WTOに加盟する場合、加盟国は協定のどの項目についても留保を行うことができないと規定されている。また、加盟国は「自国の法令及び行政上の手続」を「協定に定める義務に適合」させることが要求されている。そして、第三は、独特の紛争処理の仕組みを持ち、経済制裁を通じてWTO規定への順守を各国に求めている点である。

WTOは、独特の紛争処理メカニズムを通じて、半ば「強制力」をもって、世界各国に制度の「差異」の撤廃を求めているため、各国の経済制度はWTOに適合するグローバル・スタンダードに収斂してきている。WTOの基本的な考え方は、各国の経済制度が相違していると、その制度の相違が多

表1　ＷＴＯ協定の構成

世界貿易機関を設立するマラケシュ協定（本協定）
付属書1
付属書1A　物品の貿易に関する多角的貿易協定
・1994年の関税及び貿易に関する一般協定（GATT）
・農業に関する協定
・衛生植物検疫措置の適用に関する協定
・繊維及び繊維製品（衣類を含む）に関する協定
・貿易の技術的障害に関する協定
・貿易に関連する投資措置に関する協定
・1994年GATT第6条（ダンピング防止措置）に関する協定
・1994年GATT第7条（関税評価）に関する協定
・船積み前検査に関する協定
・原産地規制に関する協定
・輸入許可手続きに関する協定
・補助金及び相殺措置に関する協定
・セーフガードに関する協定
付属書1B　サービスの貿易に関する一般協定
付属書1C　知的所有権の貿易関連の側面に関する協定
付属書2　紛争解決にかかわる規則及び手続きに関する了解
付属書3　貿易政策検討制度
付属書4　複数国間貿易協定
・民間航空機貿易に関する協定
・政府調達に関する協定
・国際酪農品協定
・国際牛肉協定

注）付属書4は、当該協定の締約国でなければ、一括受諾しなくてもよい。
出所）外務省経済局監修『世界貿易機関を設立するマラケシュ協定』日本国際問題研究所、1995年。

国籍企業の競争条件に影響するので、それを撤廃する必要があるというものである。

その結果このＷＴＯ体制は、知的所有権を独占し、それを支配する企業がヒエラルキーの頂点に立つ世界を生みだしている。先進国の多国籍企業は、独占的に保護される知的所有権を獲得するために、研究開発部門やブランド構築などのマーケティング部門などを先進国におき、国際的な下請け生産（委託生産）体制を構築することで、価格競争が激化する生産部門を発展途上国に移してきている。世界中で多国籍企業の権利が擁護されるため、多国籍企業には収益が集中する一方、実際にモノを作る部門、生産部門は価格競争が非常に激化している。

新興工業国には、多国籍企業との契約に基づいて契約生産を行う企業が集中し、各企業は新規受注と契約の更新をめぐって激しい競争にさらされている。様々な製品規格が共通化され、互換性があるため、どの企業の製品も代替可能になっているからである。その結果、生産現場では、原価ぎりぎりの契約生産が広範囲に行われるようになっており、生産と労働に価値をおかないグローバル経済が形成されている。

こうしたＷＴＯ体制は日本の大企業のあり方に深刻な影響を与えている。日本の大企業は、重要な知的所有権をアメリカに支配されながら、他方で、急速に競争力を強めている発展途上国企業との価格競争に直面している。それが、日本の製造業の困難の拡大の背景にあるものであり、日本の製造業企業が価格競争を強化するために海外進出を拡大している最大の要因である。

●ＷＴＯ体制がもたらしたもの

第一は、知的所有権を独占するアメリカ多国籍企業優位のヒエラルキー構造を生みだし、国際的な下請け生産ネットワークの形成を通じて、多国籍企業の高収益を継続させるようになったことである。多国籍企業の株価は高収益に支えられて継続的に上昇するようになり、貿易赤字の規模を超えて海外からアメリカへと資本流入が生じるようになっている。世界経済の成長によって生み出される富がアメリカに流入しているのであり、それに依存してアメリカ経済の再生が生み出されている。

第二は、生産を海外に依存するために、企業の高収益の裏側で、アメリカの貿易赤字は大規模なものになり、経済の空洞化が著しく進んでいる点である。一九七九年をピークにして製造業労働者数は減少に転じ、二〇一〇年には約四〇％減にまで減少している。

第三は、生産に強みを持ってきた日本企業の困難と日本経済の停滞を拡大させている点である。日本の大企業はアメリカと発展途上国に上下を挟まれ、価格競争力を強めるために低賃金で割安な為替相場を持つ発展途上国に進出を余儀なくされている。日本では、国内消費能力をはるかに超える生産能力の削減を行いながら、海外の生産拠点での生産拡大を本格化させており、日本経済の空洞化が現実のものとなり始めている。

第四は、先進国からの投資の拡大を受け、国際的な下請け生産を担った発展途上国が急速に工業化を進め、発展途上国の経済成長が広範囲に生じてきたことである。東南アジア諸国、中国等、国民経済全体の成長を実現してきている。また、中国などの高成長によって原材料・資源需要が急激に増大し、ロシアやアフリカ諸国などの資源国も高成長へと転換してきている。この発展途上国の経済力の発展が世界の政治経済秩序における力の変化を生みだしている。

2　拡大する日米経済協力

●アメリカの覇権を維持する役割としての日米経済協力

日本の対米経済協力の特徴の第一は、国際金融協力（対米金融協力）の積み重ねによって、ドル体制を補完してきたことである。一九七〇年代に始まり現在まで、米国国債の保有を続け、異常なまでの外貨準備の蓄積を行っている。それがアメリカの経常収支赤字と財政赤字のファイナンスを支えている。他方で、アメリカの要求によって、日本の金融政策には様々なゆがみがもたらされていている。一九八五年のプラザ合意、その後のバブル経済化とその破たん、金融市場の開放と自由化、郵貯の民営化などもそうである。

また、日本の経済援助はアメリカの対外援助を補完する役割も果たしてきた。もちろん、日本の経済援助は発展途上国の産業基盤の整備をつうじて発展途上国の経済成長を支える大きな要因を形成してきたことも事実であるが、いわゆる戦略的な援助部分も無視することはできない。特に、アメリカの軍事費の肩代わりであった湾岸戦争への支出など、戦争への協力が強制されてきた。思いやり予算もそうした軍事援助の一つであり、湾岸戦争、イラク戦争、グアムでの米軍基地建設など、日本の財政危機の下でも巨額の拠出が続けられており、日本での必要な政策的経費を抑制する役割を果たしている。

●日本経済の対外開放の「てこ」としての日米経済協力

対米協力の第二の特徴は、日米経済摩擦の解決策として、日本の内需拡大策、特に、アメリカ製品の輸入策が半ば強要されてきたことである。日本農業の市場開放策はその典型的なものであり、世界的にも異常な日本の農業自給率の低下はまさにこうした政策的追求の結果である。産業分野でみれば、流通業、金融、電気通信・情報、投資、航空、医療・医薬品、エネルギー産業など、対米市場開放策が追求されてきた。

また、個別産業分野から次第に経済全体の構造改革が要求されるようになり、一九八九年に始まる日米構造問題協議、一九九三年からの日米包括経済協議などが経済全体の変質を作り出すものとして活用された。さらに、内需拡大のためとして、総額で六三〇兆円という巨額の公共事業計画が作成・実行され、それが日本の財政危機を生みだす大きな要因になった。日本の財政危機の原因は、単に日本の国内にあるというものではないのである。

●対米軍事協力と日本経済の変質を求める軍需生産要求

第三の対米協力は、アメリカの軍需産業への経済協力の問題で、近年、質的な転換が図られている。一九八〇年代以降、アメリカでは製造業の空洞化が進んできたが、軍需産業は安全保障上の問題から対外進出が規制され、国内経済の中ではその存在感を増してきている。また、軍需部門は価格競争にさらされないため、高い利益率を各企業に保証し、軍事援助を通じて海外に輸出される一大輸出部門となっている。問題は日本の高い技術をアメリカの軍事部門で活用する政策が追求されてきたことにある。一九八三年の対米軍事技術の供与に始まり、一九九三年には、兵器に利用されるにしても「汎用品・汎用技術は武器には該当しない」ということが原則とされ、日本の民生品技術の軍事技術への転換が進められている。その際、日本でも安全保障条項が付け加えられており、それが日本の研究開発能力、技術力を軍事技術へ従属させていく役割を果たしている。

また、WTO体制の下での価格競争の激化と収益の低迷に際して、日本の一部大企業は軍需生産への期待と日米の軍需産業における協力体制の構築へと進みだしている。自衛隊の装備・軍拡への期待だけではなく、日本の軍需企業のアメリカ軍産複合体への参加がめざされており、グローバル経済下で、価格競争のほとんどない世界＝高収益部門への進出として意識的に追求されている。二〇〇八年の宇宙基本法による宇宙での軍拡（平和利用原則の転換）は、こうした軍事依存を強めるものとなっている。

3　グローバル経済の変化と問われる日本の選択

●深刻化するアメリカの経済問題

ＷＴＯ体制の下で多国籍企業の高収益は持続するにしても、国民経済という点でみれば、アメリカ経済は空洞化の度合いを強めている。製造業が縮小し、サービス経済化が進んでいく中で、投機的な金融・保険・不動産部門に大きく依存するようになっている。海外からの資本流入と住宅を柱にする個人債務の拡大によって、株価や土地・住宅価格が上昇することで国内消費が増え、経済成長が支えられていたのである。この成長構造は、リーマンショックによって崩壊したが、巨額の公的資金の投入と中央銀行による金融支援によって、民間の債務は公的な債務に置き換えられており、投機的な資金は復活しはじめている。

もちろん、経済の本格的な回復は、多国籍企業の高収益とそれを基盤にする資金流入、金融市場の回復にかかっているために、ＷＴＯ体制の維持と世界経済の成長を持続させることが現在のアメリカにとって極めて重要になっている。それが多国籍企業の収益を支える最大の要因であり、世界の富をアメリカに還流させる仕組みだからである。

仮に、今回の経済危機が収束し、WTO体制の下で世界的な経済成長が実現していくとしても、その意味するところは、アメリカの巨額の貿易赤字と資本移動を生む金融市場の復活であり、投機的な世界の再建にすぎない。アメリカ経済がまた資産価格の上昇によって高い消費を実現できたにしても、バブルは必ずはじけるものであり、二〇〇八年以降の事態を再び招くにすぎないだろう。しかも、以前とは異なり各国は巨額の財政赤字を抱えており、はたして、その時に各国の財政が耐えられるのかは疑問である。

そして、このグローバル経済は世界的な規模での富の二極化を進め、知的所有権・資源などの独占支配をめぐる競争を激化させることで、各国経済の不安定化を拡大させている世界でもある。だからこそ、WTO体制を維持するために軍事的な対応が必然化するのであり、世界と日本の人々にとって望ましいものとみなすことはできない。

●WTO体制の見直しと日本の岐路

中国などの経済成長に依存しながら世界経済が回復し始めているが、先進国を中心に経済危機の影響は非常に強く残っている。危機の最中には、金融規制などグローバル経済を修正すべきという認識が支配的であったが、危機からの回復とともにまた市場万能論が復活してきている。先にみたように、アメリカの側には、グローバル経済を再編する意図はなく、オバマ政権の経済政策も金融危機の再発防止策にとどまっている。それゆえ、多国籍企業の母国でもある日本にとっての最大の問題は、WT

O体制を再建強化し、日米安保条約を強化することで、アメリカとともに世界を支配する側に立つ方向で進むのか、それとも、WTO体制の修正に向けて新たな世界を構築する方向に進むのかにある。

前者の方向は、巨額の財政赤字を抱えたままで、リーマンショック以前の世界を再建する道である。日本の大企業は既に多国籍企業として存在しており、発展途上国での生産を急速に拡大させている。多国籍企業からみれば、日本の企業の持つ知的所有権は最重要事項の一つであり、WTO体制は発展途上国に進出した各企業の権利を擁護するために必要不可欠である。また、進出先の政治に対しても影響力を強めたいと考えており、日本の政府が対外的な政治力を行使して各企業の権益を守ることを求めている。アフリカ等の資源国では、資源の確保には政治的な関与が不可欠であり、場合によっては軍事力すら必要とみなしている。日米安保条約の強化の道は、単にアメリカの意図だけではなく、日本の大企業の側にもそれを求める根拠が存在するように変化しているのである。

しかし、世界市場における高収益の追求政策は、個別の多国籍企業としてみれば生き残り戦略として有効であろうが、労働と生産に価値をおかないWTO体制が再建されたところで日本の国民経済が存立していくのかは疑問である。そのことはアメリカの経済空洞化の歴史が端的に物語っており、アメリカ以上に厳しい状況におかれるのは必至である。

もちろん、国民世論の反対の中で日米安保条約を強化する方向に進めない場合でも、有効な国際経済政策がとられない状態が続けば、日本の多国籍企業は再建されつつあるグローバル経済に対応して、高成長を実現している発展途上国に進出することになろう。国内で大企業に対する経済的規制をかけ、個別対処的な経済政策をとっても、既にそれが有効に機能する条件は失われている。日本の大企業は世界有数の多国籍企業として、世界中で資金を調達しており、グローバルな経営に踏み出しているからである。日本国内での少子化傾向が改められず、国内消費が停滞しているもとでは、日本での投資の拡大は不可能であり、消費の停滞の中での価格競争の激化は逆に海外生産と海外からの逆輸入を拡大するだけである。その意味では、国民経済の空洞化傾向は不可避であるといわざるを得ない。

それゆえ、真に必要なことは、多くの発展途上国や様々なNGO、世界の人々とともに、WTO体制の修正に踏み出し、グローバル経済全体の中で多国籍企業の活動を規制していくことであろう。人間社会のあり方にとって、「働く」、つまり、労働するという最も基本的な行為に価値をおかないWTO体制を改めていくことが必要である。

そのためにも日米安保条約という軍事同盟中心の外交は抜本的に改められなければならない。グローバル経済の中で、「生き残り競争」という枠組みに縛られた経済政策では、多国籍企業にとって都合のよい分野ではグローバル・スタンダードが形成され、各国国民がそのもとでの激烈な競争状態に押し込められる一方で、都合の悪い分野では、各国の制度がばらばらで「社会的ダンピング」競争が余儀なくされている現在の状況を改めることにはつながらない。

日本の経済力をどの方向で活用するのか、そのために日本の「政治」が国際社会の中でイニシアチブを発揮するのか、が問われているのである。そうした観点から、グローバル経済のガバナンスと国内の経済政策とを一体のものとして行っていくことが求められている。

おわりに

　ここまでアメリカの側の意図をＷＴＯの拡大・強化という方向で述べてきたが、実際は、アメリカ国民も多様であり、軍事的な覇権の継続を広汎なアメリカ国民が望んでいるわけではない。アメリカ国民は、金融危機の最中に大きな変化を求めて新しいオバマ氏を大統領に選んでいる。今回の大統領選挙では、戦争の是非、金融とバブル経済への依存の是非、そして雇用を守ることの是非が問われたのであり、アメリカのあり方の変革が求められた。米大統領選挙で示された国民の願いは、戦争の終結、雇用と経済の安定であり、軍事優先で日米安保条約の拡大・強化を求める方向ではない。真にアメリカ国民が求めていく方向は、ＷＴＯ体制で追求されたグローバル経済の再建ではなく、雇用と生産を守るために各国が経済協力関係を作り出す方向である。日本とアメリカの国民が真にＷＴＯ体制の転換を求めて行動し、そのための平和的な経済協力関係を構築していくことがまさに現代の課題として求められている。

　もちろん、アメリカの対外経済政策は、簡単に変更されるようなものではないが、日本の転換はアメリカの転換をも生み出していく力になろう。そのために、アメリカ中心主義的思考を改め、東アジアにおける経済協力関係の強化を進めていくことは重要な第一歩になりうる。発展途上国を含めた地域間の経済協力体制の構築は、日本経済にとって必要であるだけでなく、日本の多国籍企業に対する包括的な規制の枠組みの形成を伴うものであり、東アジアの発展途上国の経済成長への支援という側面も持っている。そして、東アジアの経験を通してＷＴＯ体制の変化を実現することが必要となっている。

日米安保条約に固執する方向は、ＷＴＯ体制の存続をアメリカとともに続けていこうというもので、過去の成功体験に縛られて将来を見失っているものといわざるを得ない。

第Ⅱ部　基地と安保の現在

図2　主な在日米軍基地

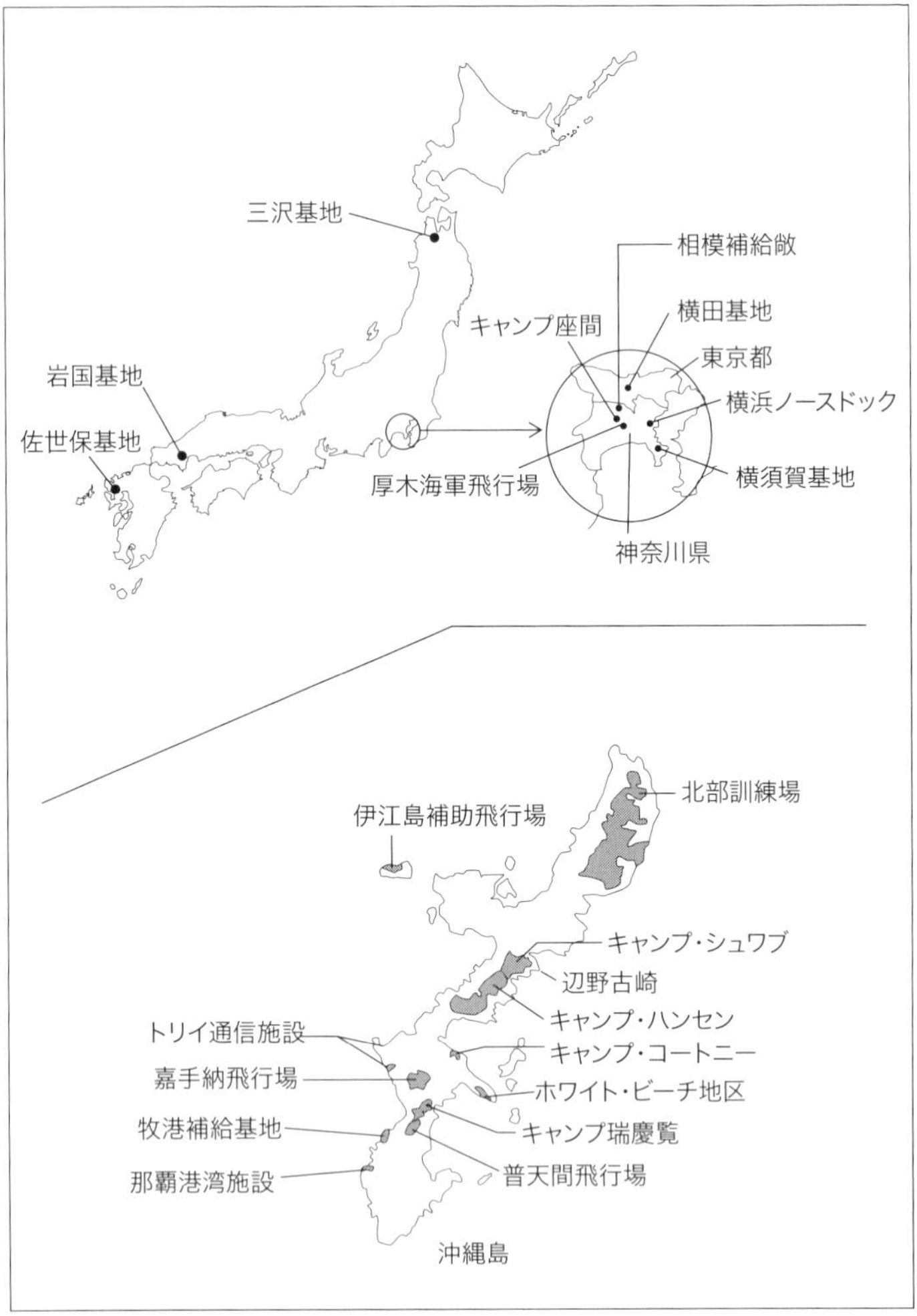
三沢基地
相模補給廠
横田基地
キャンプ座間
東京都
岩国基地
横浜ノースドック
佐世保基地
厚木海軍飛行場
横須賀基地
神奈川県
北部訓練場
伊江島補助飛行場
キャンプ・シュワブ
辺野古崎
キャンプ・ハンセン
トリイ通信施設
キャンプ・コートニー
嘉手納飛行場
ホワイト・ビーチ地区
牧港補給基地
キャンプ瑞慶覧
那覇港湾施設
普天間飛行場
沖縄島

6　日米安保と沖縄の基地

亀山　統一

1　沖縄県の米軍基地とその再編

●沖縄戦から生まれ、復帰後も存続する「太平洋の要石」

沖縄の米軍基地は、一九四五年の地上戦に由来する。上陸・進軍した米軍は、急造された日本軍基地を奪い、拡張整備して使用した。米軍は、戦後も基地用地を返還せずに長期に占有し、一部の基地は新設した。五〇年からは、沖縄を「太平洋の要石」(the Keystone of the Pacific) と称し、反共封じ込めの極東の拠点として、核兵器の配備、さらなる基地の拡張・基地機能強化を始めた。

五二年にサンフランシスコ講和条約が発効し、沖縄は米国の施政権下に置かれる。米国と日本のどちらの憲法も適用されず、国連信託統治領でもなく、主権を持たない「琉球諸島」にされた。米軍が、県民の土地を占領して過密な基地群を建設できたのは、戦中・戦後の沖縄の無権利状態に原因がある。日本国憲法や日米安保条約の制約のない沖縄の基地群を、米国は自由勝手に使用して、ベトナムなどへ出撃するとともに、環境汚染や爆音、兵士の犯罪などの基地被害を野放しにした。

七二年に沖縄は日本に復帰した。米国は基地自由使用の特権の継続を最重要視し、日米安保は「密約の同盟」の性格を強めた。基地の大規模返還も、基地被害軽減も実現しなかった。一方、復帰以来、沖縄には新たな基地がつくられなかったが、これこそ憲法の力を示す側面である。

●地域の防衛ではなく、米国の世界戦略を支える拠点

沖縄県には、米軍基地が三四施設・区域、二三二・九平方キロ存在し、県土の一〇%、沖縄島の一八%を占め、平時の米軍在外勢力の一割にあたる二万五千の兵員が駐留している。海上には二八区域五万四九四一平方キロの訓練水域、二〇区域九万五四一六平方キロの訓練空域が常時あり、臨時空水域制限も頻繁に設定されている。自衛隊基地が三五施設・区域六・八平方キロ、県土の〇・三%であるのに比しても、米軍基地・空水域の集中ぶりは突出している。

基地群は沖縄島のみに集中している。琉球列島の広がりは本州に匹敵し、その西端は、中国・台湾に隣接しているが、宮古諸島には自衛隊のレーダー基地、八重山諸島には米軍の射爆場があるだけで、戦闘部隊は駐留していない。また、鹿児島県の奄美諸島は沖縄と同じく米軍の占領下におかれたが、いまは、米軍基地も主要な自衛隊基地も置かれていない。沖縄の基地のうち、嘉手納、普天間、ホワイトビーチ軍港の三基地は、在韓米軍基地でもある。嘉手納基地は空軍と海軍航空部隊の拠点であり、普天間基地は海兵隊航空群の基地である。ホワイトビーチは、第七艦隊の揚陸打撃群の拠点であり、佐世保を母港とする揚陸艦が在沖海兵隊の兵員や装備を揚げ降ろしする。また、空母打撃群の支援も重要な任務であり、原子力潜水艦は入港させ、空母は沖合で支援を行う。これら三基地は、世界規模での米軍の展開を支援しているが、安保条約の極東条項を反映した基地でもある。

●安保再定義と新ガイドライン

沖縄の米軍基地・部隊は、湾岸戦争でも活躍した。直接の人的・物的被害はもちろん、油井を破壊炎上させ、莫大な資源を失わせて温暖化ガスや発がん性物質を発生させ、大気や水・土壌を汚染し、住民の生命健康や生態系に重大な影響をもたらした。また、劣化ウラン弾を初めて実戦使用した。劣化ウラン弾は、核エネルギーを利用する核兵器ではないが、米国が放射性物質をあえて戦争で使用し、地上の環境に大規模な放射能汚染を引き起こしたことは、重大な犯罪行為である。日本は、巨額の戦費を負担し、米軍基地を自由使用させたことにより、こうした湾岸戦争の責任の一端を負っている。なお、沖縄でも、劣化ウラン弾は久米島北方の鳥島射爆撃場で一五二〇発「誤射」され、いまもほとんどが地中に埋まったままである。

その後、米国は、冷戦体制後の世界戦略を構築し、日米安保の再編を開始した。九六年四月の日米首脳会談で「日米安全保障共同宣言」が発表された。日米軍事同盟の対象地域を「アジア太平洋」に拡大し、一〇万の駐留米軍兵力を維持し、「地球的規模」での日米の安保協力が始まった。また、日米両政府は「沖縄に関する特別行動委員会」（ＳＡＣＯ）を設置し、在沖米軍基地再編案を同年一二月にまとめた。日本政府は「日米防衛協力のための指針」を九七年に改訂した（新ガイドライン）。

ＳＡＣＯによる米軍再編は、主に在沖海兵隊の基地と部隊を再編強化し、空中給油機など一部の航空部隊の所属基地や一部の実弾砲撃演習などを本土に移転するもので、米軍の訓練の質量や作戦行動の自由度を高め、日本の負担を強め、訓練に自衛隊を巻き込んでいった。しかし、ＳＡＣＯ事案は、目玉となる普天間「移設」では膠着した。米国は、辺野古「移設」は執拗に推進しつつ、同時に、日本全国ないしアジア・太平洋全域に拡大しての基地・部隊・訓練の再編を提起し始める。それは、兵器のハイテク化、少数で機敏に海外派兵され作戦行動できる機動部隊重視と並行して行われた。

一方、新ガイドライン策定後、有事や周辺事態を想定しての国内の対処策が推進され、日米間の調整機構も設置され、自衛隊海外派兵の法整備は急速に実現した。アフガニスタン戦争とイラク戦争では、日本はついに戦場に自衛隊を派遣し、米国の戦闘行動に直接協力させた。

●より柔軟な部隊配置と、日本の負担拡大

二〇〇五年二月に日米両政府の外務・防衛閣僚による日米安全保障協議委員会（「2＋2」）が開催され、両国は「共通の戦略目標」を追求するために緊密に協力すること、そのために、自衛隊および米軍が、役割・任務・能力の再編と相互運用性の向上を推進することが合意された。「2＋2」は同年一〇月、〇六年五月にも開催され、「日米同盟――未来のための変革と再編」、共同声明、「再編実施のための日米のロードマップ」を発表した。海兵隊の駐留圏のグアムなどへの拡大、米四軍の司令機能を日本国内に集中して自衛隊の司令機能と同所におくこと、陸軍ストライカー旅団など機動的な部隊の配置、横須賀の原子力空母母港化、海軍・海兵隊の航空部隊の岩国への集約化を合意した。

〇七年の「2＋2」は、「同盟の変革――日米の安全保障及び防衛協力の進展」を発表し、日米安保条約は「同盟関係にとって死活的に重要な在日米軍のプレゼンスを可能としてきた。米国の拡大抑止は、日本の防衛及び地域の安全保障を支えるものである。米国は、あらゆる種類の米国の軍事力

（核及び非核の双方の打撃力及び防衛能力を含む）が、拡大抑止の中核を形成し、日本の防衛に対する米国のコミットメントを裏付けることを再確認した」とした。

一〇年には、この合意を再確認し、「沖縄を含む日本における米軍の堅固な前方のプレゼンスが、日本を防衛し、地域の安定を維持するために必要な抑止力と能力を提供する」、「幅広い分野における安全保障協力を推進し、深化させていく」などとしている。

●核抑止の維持とグアムの基地強化への貢献

日本は、ブッシュ政権の先制核攻撃戦略を支持し、オバマ政権下でも、核抑止の継続を求めている。被爆国が率先して米国の核武装を求め続けることの影響は大きい。さらに、日本政府は、ミサイル防衛に参加し、巨額の予算を拠出するとともに、国内配備を進めてきた。

沖縄海兵隊のグアム移転は、「ロードマップ」に基づき、一四年までに沖縄の海兵隊八千人とその家族九千人をグアムに移転するとして、米軍再編特措法（〇七年）で日本国が財政負担する仕組みが定められた。〇九年二月には、在沖縄米海兵隊グアム移転協定が締結され、五月に国会承認された。日本は、直接支援二八億ドルを含めた六〇億ドル余を負担する上、嘉手納以南の六施設返還と、普天間飛行場の「代替施設完成に向けた具体的進展」が、グアム移転とセットにされた。

ところが、日本からの「移転」部隊以外の施設建設や移動にも日本の資金が回ることが判明し、グアムを西太平洋における米軍の新鋭拠点基地にするために日本政府が資金負担する構図が、鮮明になっている。グアムの基地の新設強化と在日米軍の再編が進み、海兵隊は、沖縄の部隊の一部がグアムに展開しつつ、米国本土の部隊が沖縄にローテーション配置される。米軍は、沖縄と本土の基地を通じた財政支援を受け続け、アジア・太平洋駐留態勢の強化・広域化・柔軟化が確保される。

2 日米安保体制と「抑止力」の実像

●日米同盟の変革・深化の容認と表裏一体の「抑止力」論

日米安保体制は、公然と「日米同盟」と呼ばれ、日米安保の対象範囲は、条約を改正しないまま、「極東」から名実ともに「アジア太平洋」、さらには「地球的規模」に拡大された。

米軍は、基地再編、機動部隊や司令部の統合配置により、日本の費用負担を強めながら日本本土・アジア・太平洋に柔軟で機動的な展開ができるようになっている。一方、自衛隊は、海外派兵が「本務」となり、ついに戦地に派兵され、違憲判決が出されるまでになった。米軍と基地や司令部の一体化、共同行動・任務負担の強化がすすみ、「ミサイル防衛」などの核戦略に完全に組み込まれている。日米安保は、日本にとって「従属性」を通り越して、日本政府・自衛隊が米国・米軍の一部へと溶解して一体化する所まで来ている。それこそが、日米同盟の「変革」と「深化」である。

基地周辺の市民の生命や人間性をも奪うほどの基地被害を出し、莫大な国費を米軍に投入し、自衛隊を海外派兵してでも、日米同盟を維持・再編強化するのはなぜか。「日米同盟が日本の国土防衛や地域の安定に必須であり、日本が侵攻されないのは米軍のプレゼンスと米国の核兵器と通常兵器体系による拡大抑止の恩恵を受けているからだ」というのが、日米両政府の言い分である。

一方、憲法九条、沖縄の基地負担軽減、核兵器廃絶について、世論調査でそれぞれ単独で問われると、大方の調査では、本土でも沖縄でも、それを支持する国民が過半数を占める。ところが、国政選挙の投票行動では、それらを推進する候補者・政党の得票が過半数を占めることはない。こうした国民の行動を見ても、米軍の「抑止力」に依存する「安心・安全」の意識を軽視することはできない。日本が依存するとされる「抑止力」とは何か。それは、第一に、米国の核抑止力および通常兵器による抑止力であり、第二に、駐留米軍兵力である。

在日米軍の「抑止力」について、鳩山首相は「海兵隊の沖縄駐留が必要」「パッケージとしての米軍の駐留が必要であって、一部を動かす議論はできない」と述べた。同首相の結んだ日米合意を守るとして菅政権は発足した。パッケージとは、具体的には、第三海兵遠征軍、空母打撃群や遠征打撃群を構成する第七艦隊、嘉手納や三沢の部隊が航空宇宙遠征軍に編入されている第五空軍、そして第一軍団前方司令部や特殊部隊を置く陸軍が、一体となって日本に駐留することである。そして、陸上自衛隊が海兵隊と、海上自衛隊が海軍と、航空自衛隊が空軍と、協力・補完関係にある。

●留守がちな部隊の「プレゼンス」が抑止力?

湾岸戦争から「対テロ戦争」を通じて、在日米軍の多くの部隊が、アフガニスタンやイラクの戦地に派遣された。特に、在沖縄海兵隊の兵力には大きな穴があき、例えば普天間の所属航空機はほとんど姿がなくなった。〇四年に沖縄国際大学に大型輸送ヘリCH53Dが墜落したのも、ハワイ・カネオヘ湾所属の老朽機をかき集めてイラクに急送する準備途中のことであった。また、イラクのファルージャ総攻撃と掃討作戦にも、キャンプ・シュワブの第三一海兵遠征団をはじめ、在沖海兵隊が深く関与した。そこでの有名な残虐行為は、海兵隊の本性を白日のもとに曝した。第三一海兵遠征団は、第三海兵遠征軍の主力部隊であるが、訓練や作戦行動で、海外展開が常態化している。さらに、オバマ政権発足後には、キャンプ・ハンセンが、アフガニスタンへの兵士派遣の玄関口になっている。都市型戦闘訓練施設にモスクのあるイスラム都市の町並みまで作って、市街戦の訓練を行っている。

一方、嘉手納の第一八航空団と三沢の第三五戦闘航空団は、海外にローテーション配備される「航空宇宙遠征軍」であり、イラクなどにたびたび長期間派遣されてきた。日本の防空は担わない。

第七艦隊は、横須賀を母港とする旗艦ブルーリッジに司令部を置き、西太平洋からインド洋を経てアフリカ東海岸までの、「地球の半分」を任務範囲とする。しかも、第七艦隊の艦船は、中東の海域に入れば第五艦隊を構成するので、イラク戦争の海上活動を分担してきた艦隊でもある。

このように、「抑止力」の柱の一つである在日米軍は、そもそも海外展開を想定しており、イラクとアフガニスタンで戦争を同時進行させ、手薄になった駐留兵力規模で問題ないことになる。

●「安心・安全」の正体

だが、いない部隊が「抑止力」になるという議論も立てうる。第一に、在沖米軍が柔軟に展開して戦地でふるってきた実績こそが、周辺国に恐怖を与え、日韓に安心感を与える源泉になるという議論である。第二に、日本を侵略する国が、日本に攻撃を仕掛ければ当然、米軍基地・部隊も攻撃するので、米国は、本土や洋上の部隊を本格的に派遣して反撃せざるを得なくなる。すなわち、在日米軍基地は、日本防衛に米軍を引き出す仕掛け（トリップ・ワイヤー）だという議論である。

第一の議論によるなら、大量破壊兵器があるとの偽りで行われ、住民に惨害を与えてきたイラク戦争も、日本の安全に役立ったことになる。日本は米国の戦争を賛美し続けなければならない。一方、第二の議論はまさに戦争待望論である。日本への大規模な侵略戦争など想定しがたい。しかも、在日米軍基地は人口稠密な都市域にあり、基地が攻撃される事態では、すでに住民に大規模な犠牲が生じている。米軍の反撃をまつよりも攻撃を外交手段で防止する方がよさそうである。

いずれの議論においても、在日米軍は、敵国の具体的な装備や作戦を無力化できる実効ある拒否的抑止を達成している必要はなく、敵国を脅して怖じ気づかせ（deterrence「抑止力」の原語）、同盟国を気分的に安心させる（reassurance）一般的抑止でよい。すなわち在日米軍は、日本の国土防衛に直接役立つ部隊や基地でなくてよい。実際に、在日米軍は日本防衛とは関係ない部隊構成である。小泉首相が言った「安心・安全」は、こうした在日米軍の「抑止力」の実像を、皮肉にも的確に表現したものといえる。だが、これは日米安保条約の前提の否定ではないだろうか？

●中国・北朝鮮脅威論は、日米同盟強化の根拠になるか

中国は、改革開放政策の下で急速な経済成長を遂げ、先進国の資本や企業を引きつける「世界の工場」として、また巨大な消費市場としても台頭している。その結果、中国は、台湾、日本、韓国そして東南アジア諸国と、経済関係を劇的に強めている。したがって、中国が台湾や隣国と戦火を交えたり、そこに米軍が介入したりすることは、客観的にはすでに想定しがたい。ところが一方で、この中

国の経済成長は、軍事部門の近代化や、外交における「大国化」をもたらしている。

日本は冷戦時代以来、中国を公式に仮想敵としてこなかったが、近年、中国の軍事的脅威を強調し始めている。日米同盟は、中国や朝鮮半島に対して、世界最強の装備をもつ兵力の投射能力を現有している。その上に、尖閣問題や東シナ海の資源開発問題は、在沖米軍基地必要論に利用され、さらには、政府は宮古・八重山諸島などへの自衛隊配備など軍事偏重の対応を打ち出している。

しかし、尖閣問題では、日中関係が急速に冷却化し、観光業など政治・経済に広く影響が及んだ。日本政府は、直ちに米国に対し、尖閣諸島が日米安保の対象だと確認させた。これは中国政府を刺激し、日中関係を極度に悪化させた。一連の事態は、現代の国際社会において、国境に関する隣国の主張を軍事的威嚇で断念させるなど実現不可能であるし、重大な代償をも伴うことを示している。

一方、北朝鮮はどうであろうか。ロケットの発射実験、核実験や、不透明な原子力開発は、容認できない。韓国哨戒艦「天安」の沈没事件への関与が指摘され、ついに延坪島砲撃まで敢行した。米国はこれに対抗して、米韓・日米の共同軍事演習を行い、軍事同盟の意義を強調している。だが、延坪島砲撃事件は、米軍の「抑止力」でも北朝鮮を封じ込めきれず、むしろ、軍事的緊張を長期化し、北朝鮮の瀬戸際外交を助長したことを示している。沖縄の三基地などを在韓米軍に提供してきた日本は、その一翼を担った責任がある。北朝鮮は経済的に弱小だが、核大国たる米国に対抗し、韓国への攻撃能力を高めてきた。北朝鮮・韓国両国民の犠牲なしに朝鮮半島問題を解決していくには、外交・経済手段しかないことは明らかである。日本の軍事強化は、事態をなんら好転させせない。

●世界から非難される「核抑止力」

二〇一〇年五月のNPT再検討会議では、「核なき世界」を掲げつつも核不拡散を至上課題とするオバマ政権に対して、非同盟諸国が一致して時限を切った核兵器廃絶推進を強く求めた。カバクチュラン議長（フィリピン大使）は、「市民社会の声に応える」ことを求めた。米国の同盟国である韓国出身の潘基文国連事務総長も力を尽くした。最終文書には「核兵器のない世界の達成に関する諸政府や市民社会からの新しい提案およびイニシアチブに注目する」と言及された。

このように、米国大統領が核兵器廃絶を言わざるを得ないほどに、国際社会は動いている。オバマ政権は、その後、臨界前核実験を実施するなど、「核なき世界」とはかけ離れた動きを見せている。しかし、「力の政治」は、攻撃された弱小国で絶望的なテロリズムを生みだし、米国の「正義」の戦争を泥沼化させたことで、「抑止力」による世界戦略の限界を露呈している。

このときに、日本政府が核抑止力への依存を掲げて、沖縄やグアムに新基地建設を進めていることは、被爆国政府として世界から期待される役割と正反対の姿勢であり、時代錯誤の極みである。

3 「新基地拒否」の沖縄と、「日米同盟変革」のせめぎ合い

●沖縄県知事選挙――すでに下されていた「県内拒否」

二〇一〇年一一月に行われた沖縄県知事選挙では、仲井眞知事が再選された。仲井眞氏は、普天間基地撤去を掲げて立候補表明した伊波宜野湾市長（当時）に対抗する形で、選挙直前になって、普天

間基地の県外移設を掲げた。さらに、辺野古移設は稲嶺名護市長と名護市議会多数派が拒否しており、他に県内に候補地がないのは明白であるので、県内移設はあり得ない、との見解を示している。仲井眞知事は、二期目就任後も、この見解をよりはっきりと示している。

菅首相は、復帰以来一〇年ごとに更新されてきた沖縄振興策が一一年度には切れることを意識して、同年一二月の沖縄訪問で、一括交付金の優遇とセットで、新基地計画への理解を求めた。しかしこのように、露骨にアメとムチを結合し「今日のカネで明日の平和の願いを黙らせる」手法は、通用しなくなってきている。それが、〇九年総選挙以降の沖縄の選挙での有権者の投票行動に共通する特徴だろう。すなわち、名護市長選挙や名護市議会議員選挙では新基地拒否派が勝利した。参議院選挙（選挙区）では自民党候補が、県知事選挙では基地を一度は受け入れた現職知事が勝利したが、いずれも、自民党の候補でありながら、辺野古移設を掲げることができなかったのである。

このように、沖縄県民は明らかにすでに、普天間基地撤去・新基地建設拒否との審判を下している。それは、名護市長が新基地建設反対を表明し、名護市議会と沖縄県議会が決議を挙げ、一〇年四月の県民大会に沖縄県内全自治体の首長が参加登壇した時点で、もはや後戻りのない選択であった。

このままでは、日米合意の期限内には普天間基地「移設」は実現せず、「ロードマップ」全体が狂ってしまう。事態の打開には、基地再編や振興策において驚天動地の新提案を沖縄に示すほかない。だが、それには、莫大な国費投入、逆差別的なほどの沖縄優遇策、環境アセスメントなど障害となる既存の法令の適用を除外できる特別措置など、無理を押し通す決断が必要である。したがって、政府は普天間基地移設問題への対応を先送りし、「日米同盟の変革と深化」の他の要素、つまり、グアムの基地建設や、在日米軍・自衛隊の部隊・基地全体の再編を先行させている。

●新しい「防衛計画の大綱」と「中期防衛力整備計画」

民主党連立政権は、一〇年一二月、新たな「防衛計画の大綱」（防衛大綱）と「中期防衛力整備計画」（中期防）を策定した。

防衛大綱では、日本への脅威の防止・排除・被害最小化とならんで、「アジア太平洋地域の安全保障環境の一層の安定化とグローバルな安全保障環境の改善」を目的に掲げている。そのために、「即応性」と「総合的部隊運用」、「防衛力を単に保持することではなく、平素から情報収集・警戒監視・偵察活動を含む適時・適切な運用を行い、我が国の意思と高い防衛能力を明示しておくこと」、豪州や韓国などとの多国間安保を三つの柱として、「動的防衛力」という新概念を打ち出した。

また、海洋、宇宙、サイバー空間、気候変動の問題が安全保障環境にもたらす影響などの、「非伝統的安全保障分野」への軍事力の役割に言及していることも、注目される。

防衛大綱は、在日米軍のプレゼンスは「地域における不測の事態の発生に対する抑止及び対処力」「アジア太平洋地域の諸国に大きな安心をもたらしている」とし、上記の多国間安保協力やグローバルな課題にも日米同盟が基軸になるとしている。

防衛大綱の具体化である新たな中期防では、南西地域と島嶼・海洋偏重、在日米軍の機能代替など米軍との一体化推進の、二つの柱が鮮明である。具体的には、航空自衛隊那覇基地への戦闘機部隊一個飛行隊移駐、「南西地域島嶼部」への沿岸監視部隊配備、移動警戒レーダー展開、E2C早期警戒機常時運用態勢の確保、などが明記され、沖縄県の離島と沖縄島の両方で、新基地建設を含め飛躍的に自衛隊を強化する方針である。一方で、潜水艦・ヘリ護衛艦・輸送船・長距離輸送機の建造による海空の輸送力の質量向上、F15・F2戦闘機のハイテク化、C130輸送機への空中給油機能の付与などの方針は、在日米軍の部隊・装備やその運用と重なっている。これらはともに、米軍の作戦行動を、自衛隊が一体となって行うか、または代替していく意図を反映している。

自衛隊が韓国軍との共同をも含む「動的防衛」を行えば、在日米軍は対北朝鮮・中国作戦任務の少なくとも一部から解放され、より自由で柔軟に行動できるようになる。また、在日米軍と一層重なる自衛隊の部隊構成や、自衛隊横田基地新設による航空司令機能の統合などは、自衛隊と米軍の一体化を究極まで進め、米国の求めに応えて、自衛隊はグローバルな共同行動をより広範囲に担う。さらには、武器輸出三原則を解体して兵器の国際共同開発に乗り出す検討も始まる。

防衛大綱は「動的防衛力」をキーワードに、「専守防衛」から完全に決別し、「日米同盟の変革と深化」への日本側の負担としての自衛隊の変貌を宣言するものである。日本は、あらゆる防衛資源を米国に提供し、また、環境問題をはじめあらゆる国際問題を軍事偏重で対処することとなる。

結局、変わりゆく国際情勢下で日米同盟のうまみを存続させることが、同盟変革を進める米国の主目的であると言えよう。沖縄や本土に主要な米軍基地・部隊を維持すれば、一部を移転しても日本からカネと高度な技術を吸い上げ続けることができる。グアムなど米国領の基地強化・広大な自衛隊基地の共同使用化などによって、基地の自由使用態勢はいっそう確保される。中国・北朝鮮や、テロの「脅威」のおかげで、「抑止力」を信仰してくれ、被爆国なのに米国の核態勢を支え続けてくれる。そして、自衛隊が、東アジアで日常的に米軍の作戦行動を代替し、世界規模で米軍についてくる。今後は、兵器開発ばかりか環境問題の対応にさえ「同盟」の論理を持ち込めそうである。

●沖縄が問われるもの

沖縄の米軍基地問題は、アジア太平洋戦争と戦後の米軍占領から続く矛盾であり、その解決は、日米安保条約が存続する下でも、速やかに果たされなければならない。普天間基地の辺野古「移設」では、明確な審判を県民は下した。しかしなお、二つの問題が残っている。

第一に、地域振興をめぐる国策依存を続けるのかという問題である。製造業をもたず経済基盤が脆弱な沖縄が、基地と引き替えの「振興策」ではなく、適切で継続的な地場産業の振興策や福祉・環境政策などを、政府から受けられるのか。基地依存に代わる雇用・産業や地域社会のあり方を、沖縄みずから創造していけるのか。これは、破壊されてきた地方自治の再生という全国課題でもある。

第二に、普天間基地、辺野古の新基地以外の軍事基地をどうするのかという問題である。既存の基地・部隊再編ならばやむを得ないのか。沖縄の基地が減るなら、「県外」やグアムに基地ができてもよいのか、それに国がお金を出してよいのか。自衛隊ならば、沖縄に移駐・強化してもよいのか。北朝鮮や中国を相手にするには、米軍や自衛隊が欠かせないのか。つまり、変革・深化していく日米同盟そのものを認めるのかどうか……この問いは、沖縄の未来を描く上で避けて通れない。

●沖縄の基地撤去の世論と運動の意義

現在の沖縄の激動の直接の契機となった、海兵隊員による女子児童暴行事件を受けて、沖縄県知事は基地用地取り上げの手続きを拒否し、政府から提訴された。その訴訟の沖縄県側第一準備書面（九五年）では、知事の署名拒否の理由として、沖縄県民の苦難の歴史と基地被害が詳細に記されているが、それに加えて、沖縄が他国への出撃基地とされることを次のように主張した。

「日本や極東地域だけでなく、ひろく太平洋、インド洋、中東、アフリカに至る全地球的規模の広範囲にわたって展開する米車の軍事行動・軍事介人による他国や他民族への抑圧と威嚇、世界平和への脅威の源、発信地となっている沖縄基地のもつ加害者的役割を、引続き沖縄が担わされることをも意味する。」

「米軍基地は、沖縄における諸悪の根源といわれてきたが、その維持・存続は、沖縄県民への犠牲と他国民への加害の役割と立場を、沖縄と沖縄県民に強要することである。このようなことが過去五〇年に引続き、更に将来にわたって存続させられることは、沖縄県民には耐えがたいことであり、県民の代表たる知事にとっても到底許容できるものではない。」

この主張は、沖縄の加害者としての側面を直視した平和運動の到達点として歴史的意義をもつ。同時に、米軍の抑止力への依存を続けるのかどうかを、現在の県民・国民に問うものでもある。

十数年の運動の中で、振興策では沖縄経済は立ちゆかないこと、すなわち「基地との共生」路線の破綻が白日の下にさらされた。また、辺野古の海の生態系を科学的に明らかにしていく中で、沖縄の自然環境が世界的な価値をもち、それこそが地域の社会・経済・文化の基盤であることを県民が広く理解するようになった。基地に代えて沖縄が依拠すべきものは、すでに示されている。

●沖縄は日本の典型——「普天間基地撤去」から「基地に頼らない日本」へ

米軍基地・部隊の維持・再編への日本政府の手厚い負担と、密約や地位協定を通じての基地自由使用の保障が、日本駐留の主要な動機である。基地被害と闘う沖縄の世論と運動は、こうした米国の優越的・特権的な地位を損ない、「拡大抑止」の根源である「米軍のプレゼンス」の前提を崩しうるものである。つまり、沖縄の激動は、日米同盟とは別の道を日本が歩み始める入口である。

一方で、普天間基地撤去・辺野古移設中止だけでは、沖縄県民は勝利を喜べそうにない。尖閣問題や自衛隊配備などを通じて、基地全体や軍事同盟そのものへの姿勢が問われることになる。そこに、「抑止力」信仰を乗り越えるという課題がある。日本が外交の場に、平和憲法の理念を掲げて臨むとき、米国の戦争に加わるよりもはるかに効果的に、国土が侵略されたり、アジアで日本人や日本企業の活動が攻撃されたりする不安を、解消できるようになるだろう。日本がアジア最大の脅威である米軍基地・部隊の縮小撤去に転じるとき、近隣諸国は軍拡や軍事的挑発の根拠を失う。

全国の人々にとって、沖縄は教材である。「日米同盟の変革と深化」は大きく進んでしまっているが、それ故に日本社会との矛盾を深めている。今や日本全土が沖縄化しており、基地・安保問題は、沖縄への連帯・支援ではなく全国共通の課題である。基地と貧困に苦しむ沖縄の姿は日本の典型であり、「沖縄のマグマ」は全国の人々が共有するものだと気づいたとき、日本は変わる。

7　基地と地域経済——沖縄を中心に——

川瀬　光義

人々が地域経済をよくすることを目的として開発政策をすすめ、工場や施設などを誘致しようとするのは、その誘致した施設が稼働することによってもたらされる所得や雇用などの経済効果を期待してのことである。しかしそれだけでは、地域経済の発展につながる保障はない。その施設の活動が地域経済と有意な連関を保ち、現在世代はもとより将来世代にもつながる持続可能なものであってこそ、初めて地域経済にとって意義あるものといえるであろう。

こうした観点から見るとき、軍事活動の拠点である基地の存在は、地域経済にとってどのような意味をもつであろうか？　小論では、基地と地域経済の関係について、沖縄を主たる事例として若干の考察を加えることとしたい。

1　基地が落とす金——軍関係受取

基地の存在が地域経済に与える影響を見る場合、しばしば取り上げられるのが県民経済計算における「軍関係受取」である。その内訳をみると、第一は、日本政府が負担している基地内の施設建設や光熱水費、米軍機関による物資・サービスの調達、米軍人や家族による基地外での消費支出などが含まれる「米軍等への財・サービスの提供」である。沖縄県が二〇〇七年三月に従来の推計方法を改めて、より精度の高い数値を算出したところ、二〇〇四年度のそれは七二九億円となった。うち防衛施設局関係が四割、米軍機関関係が三割、軍人・軍属の家計消費支出が二割ほどであった（沖縄県企画部統計課『在沖米軍統計』二〇〇七年三月）。

第二は、基地内で働く人々の「軍雇用者所得」である。戦後の混乱期で、有力な雇用の場が少なかった沖縄経済において、基地での仕事は圧倒的な比重を占めていた。そして一九七二年の復帰時においても二万人近い軍雇用者がいた。復帰後は次第に減少し、一九八〇年代はおおむね七五〇〇人前後で推移した。九〇年代からは微増傾向が続き、現在は九〇〇〇人近くになっている。これら基地従業員は、日本政府の思いやり予算により、準公務員待遇を受けており、公務員以外には安定した雇用の場が少ない沖縄においては、ある意味〝人気〟職種でもある。

そして第三が、軍用地料である。周知の如く、日米安保条約等にもとづいて、日本政府は米国に基地を提供する義務を負っている。提供される土地が、民有地や自治体所有地の場合、日本政府が土地所有者と賃貸借契約を締結して使用権限を取得し、米軍に提供することとなっている。これは沖縄においてとりわけ大きな意味を有する。というのは、県内所在米軍基地を所有形態でみると、民有地と市町村有地が大きな比重をしめているからである。すなわち、二〇〇九年三月末現在において沖縄以外の在日米軍基地のほとんどは国有地（八七・三％）であるのに対し、沖縄県の場合は、国有地三四・五%、県有地三・五%、市町村有地二九・二%、民有地三二・八%となっているのである（沖縄県知事公室基地対策課『沖縄の米軍及び自衛隊基地（統計資料集）』二〇一〇年三月）。

●低下する軍関係受取、軍用地料は着実に増加

さて図3は、これら軍関係受取の推移を、県民総所得等と比較してみたものである。まず県民総所得にしめる軍関係受取の割合は、復帰時に一五・五%あったが、着実に減少している。推計方法の見直しにより二〇〇六年には若干上昇しているが、近年は五%台前半で推移していることがわかる。また、復帰前は五〇%以上をしめていた時期もある県外受取にしめる割合も、復帰時には一九・四%、復帰後も減少を続け、近年は八%台で推移していることがわかる。

こうしてみると、沖縄経済にしめる軍関係受取の比重はさほど大きくないといえよう。しかし、これはあくまでもマクロレベルのフローでみた数値である。沖縄経済にしめる基地の存在は、この数値だけではかることのできない重みを有している。紙数の関係上、ここでは次の二点だけを指摘しておきたい。

第一は、ストック面でみた影響である。米軍基地が沖縄県の面積にしめる割合は、一割ほどであるが、本島だけみると一八・四%、本島北部地域は一九・八%、本島中部地域は二三・七%もしめているのである。北部地域の米軍基地は山林地域に設けられた演習場が多くをしめているが、本島中部地域の立地条件のよい平野部を嘉手納基地や普天間飛行場などの巨大飛行場が長年占有していることの損失は計り知れないといってよい。またこの他にも広大な空域・海域が米軍に提供されていることも

図３　沖縄県の県民総所得ならびに県外受取にしめる軍関係受取の割合

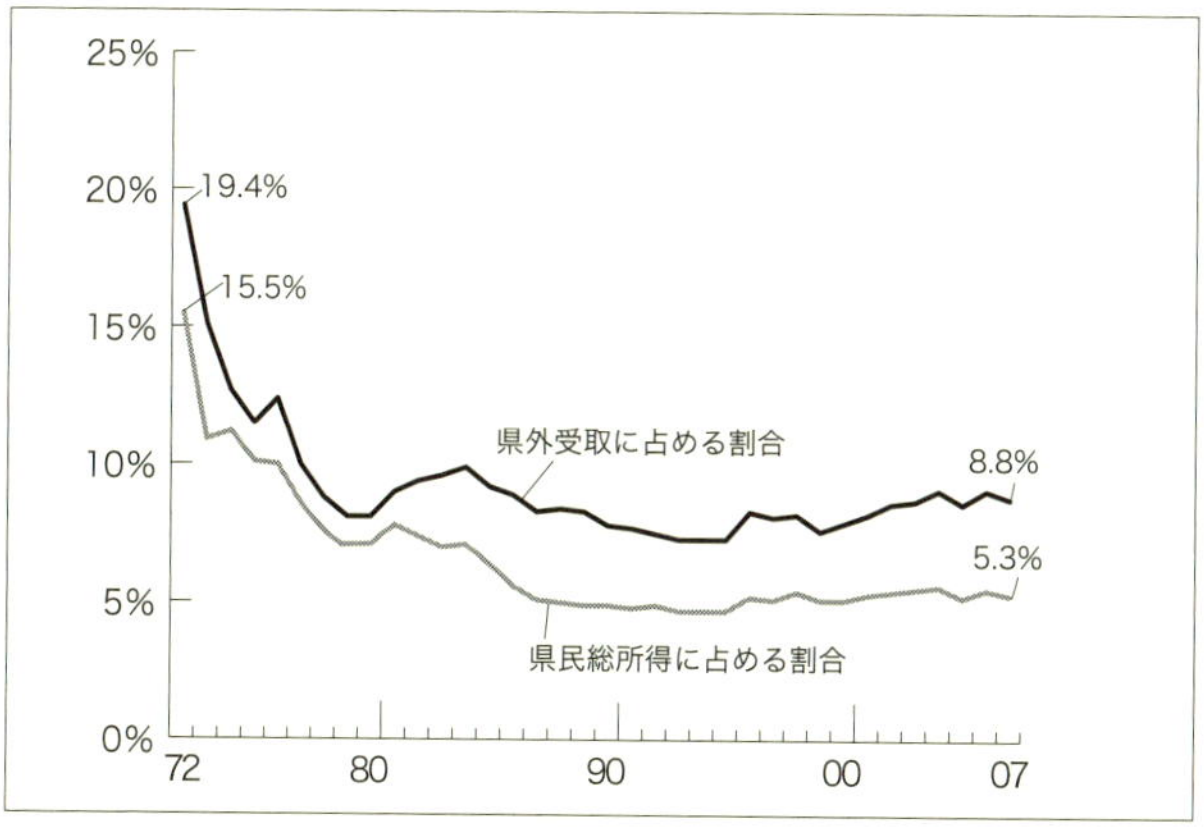

注）　軍雇用者所得と軍用地料は、県民経済計算上は、県民が県外で得た雇用者所得や投資収益などを示す「県外からの所得」に分類される。したがって、これらを含む軍関係受取は、県外受取に含まれる。
出所）　沖縄県知事公室基地対策課『沖縄の米軍及び自衛隊基地（統計資料集）』（2010年３月）より作成。

図４　沖縄県の軍用地料、観光収入、農林水産業純生産額の推移

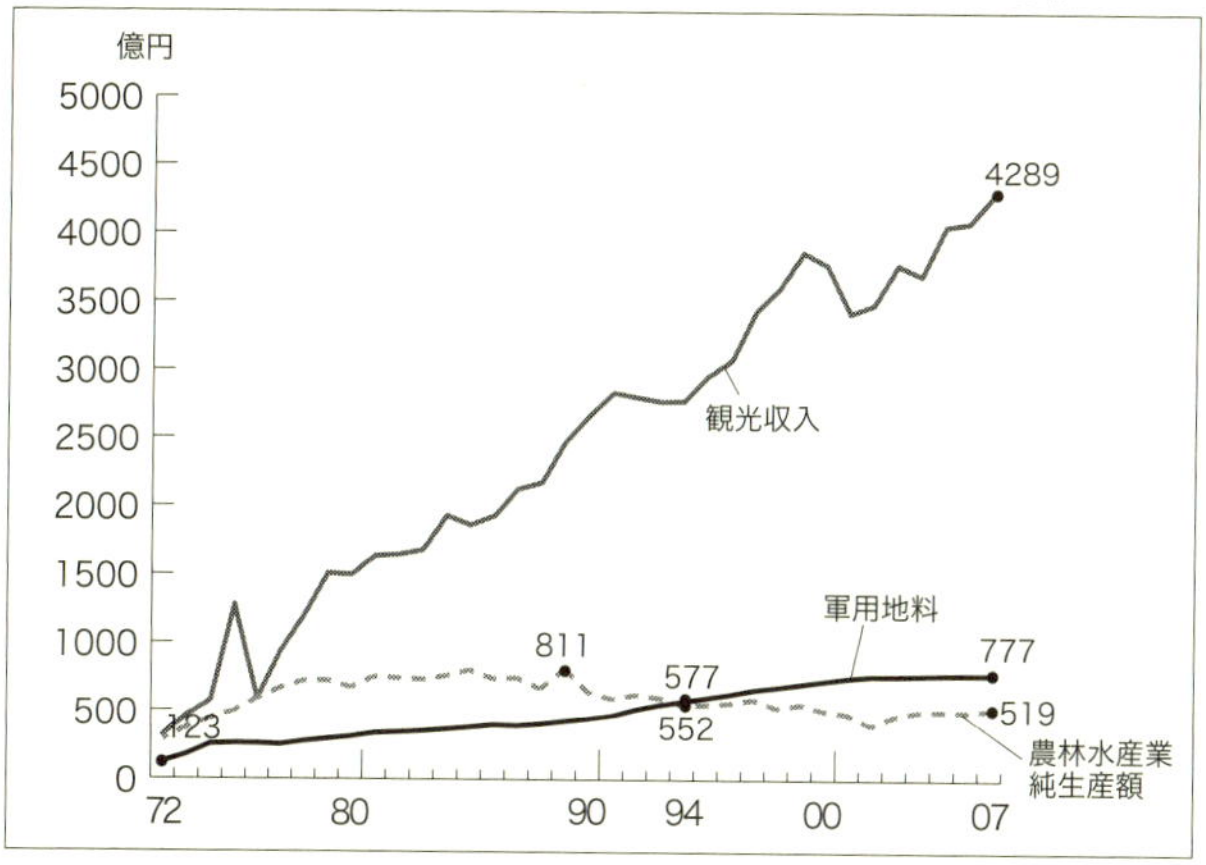

注）　軍用地料は自衛隊関係を除く。
出所）　図３に同じ。

指摘しておきたい。さらに、騒音などの環境破壊、頻発する米兵の犯罪など、経済効果などという数値では決してはかることのできない負の側面も見逃すことはできない。

第二は、軍用地料が地域社会に及ぼす影響である。よく知られているように、復帰に際し日本政府は、軍用地料を従前の四倍にも引き上げた。まさに、「沖縄県は基地として日本経済に買い取られた」（宮本憲一「地域開発と復帰政策」、宮本憲一編『開発と自治の展望・沖縄』筑摩書房、一九七九年、五〇頁）といわれる由縁である。図4のように、軍用地料は、以後もほぼ毎年着実に増大し、一九九四年度には初めて農林水産純生産額を上回った。二〇〇七年度の軍用地料総額は復帰時の一二三億円の六倍以上、七七七億円（自衛隊基地一一三億円を加えると八九〇億円）で、沖縄の基幹産業である観光収入四二八九億円の四分の一、農林水産純生産額五一九億円の一・四倍近くにもなっている。

沖縄県内の米軍基地面積は、復帰以降今日まで、二〇％近く減少してきた。また、周知の如くバブル経済崩壊以降、日本全体の地価は減少傾向が続いており、沖縄も例外でない。にもかかわらず軍用地料は一貫して上昇を続けているのである。沖縄防衛局の資料によると、二〇〇六年度における軍用地料の支払額別所有者数は四万一七九人で、うち二万一六〇八人が一〇〇万円未満であるが、同年度の一人当たり県民所得二〇〇万円余を上回る所有者が、九〇〇〇人も存在するのである（沖縄県知事公室基地対策課『沖縄の米軍基地』二〇〇八年三月）。こうした高額の軍用地料は、沖縄全体の地価を引き上げるとともに、軍用地主の軍用地料への依存度を高めているのである。

こうした軍用地の売買額は、年間借地料に「倍率」といわれる係数をかけてきまる。返還見通しが低いところほど、倍率は高くなる。例えば、『琉球新報』二〇一〇年四月二日付に掲載された広告をみると、那覇陸上自衛隊は三三・五倍、普天間飛行場は二五倍となっている。これらを購入した場合の年間利率は、前者は三％、後者は四％である。異常な低金利が続く今日、国の保障で着実に値上がりする軍用地は、格好の「金融商品」となっており、県外の購入者も増加している。実際、県内の米軍基地の軍用地のうち、県外在住者が所有する割合は、二〇〇八年度で面積は六・七％（五一五ヘクタール）、賃貸借料は四・四％（三四億七九〇〇万円）をしめているのである（二〇一〇年九月三〇日沖縄県議会における又吉進知事公室長の説明。『沖縄タイムス』二〇一〇年一〇月一日付）。

またこの軍用地料は、自治体財政には財産運用収入として計上される。二〇〇七年度についてみると、名護市、沖縄市、恩納村、宜野座村、金武町において一〇億円をこえる軍用地料が計上されている。このため、財政規模が相対的に小さい恩納村、宜野座村、金武町は、歳入総額にしめる基地関係収入の割合が、それぞれ二四・五％、三五・五％、二六・五％にも達するのである。

さらに、名護市をはじめとする沖縄本島北部地域における軍用地料の比重が高い自治体では、その収入の一定割合が「分収金」として地元の行政区に配分されていることも指摘しておきたい。配分の理由は、杣山《そまやま》制度という入会慣習による。配分の割合は自治体によって異なり、名護市の場合、名護市林野条例にもとづいて、市六、行政区四となっている。二〇〇九年度の場合、市の軍用地料収入は約一九億円であるが、このうち七億五六二九万円が一〇行政区に配分されている。ちなみに新基地建設の地元と位置づけられている辺野古（二〇〇九年度末人口一九八七人）、久志（同六四六人）、豊原

（同四一三人）の同年度分収金収入は、それぞれ二億一一二万円、二億一三七二万円、四〇三八万円である。三区合わせて人口三〇〇〇人ほどの行政区に、毎年四億円をこえる分収金が配分され、かつ毎年増加しているのである。

2　基地と自治体財政

前節でのべた軍用地料などのほかに日本政府は、基地を維持するべく自治体向けに多大な財政支出をおこなっている。

第一は、日米地位協定第一三条にもとづいて、米軍関係者が公租公課を免除されていることによる財政的損失を補填するための「国有提供施設等所在市町村助成交付金」および「施設等所在市町村調整交付金」で、「基地交付金」と総称される。この二種類の交付金は、いずれもあらかじめ確保された総額を、一定の方法にもとづいて該当自治体に配分する。その総予算額は両者とも、固定資産税の評価替えにあわせて三年ごとに見直されるが、おおむね一〇億円ずつ増加しており、これもまた、軍用地料と同じく減額さていない。

そして第二が、「防衛施設周辺の生活環境の整備等に関する法律」（環境整備法）にもとづく財政支出である。これも二種類ある。一つは、基地との因果関係が明確な被害、ないしは被害防止のための財政支出である。第三条「障害防止工事の助成」、第四条「住宅防音工事の助成」、第五条「移転の補償」などが該当する。

今ひとつが、基地との因果関係が必ずしも明確でないが、自治体の公共施設の整備等に充当される第八条「民生安定施設の助成」および第九条「特定防衛施設周辺整備調整交付金」がある。

●賄賂性を有する財政支出

筆者は、この八条・九条は、軍用地料・基地交付金などと比べて、「賄賂性」の濃い施策とみている。すでに述べたように、軍用地料・基地交付金とも経済状況とは無関係に増加を続けてきていることからして、そこに賄賂性がまったくないとは思えない。しかし、基地が存在する以上、日本政府がこうした財政支出をおこなうこと、そして基地に土地を奪われている地権者や自治体がそれらを受け取ることについて正当性を否定することはできないであろう。しかし、この八条・九条は、基地との因果関係が不明確な公共施設の整備に特別な財政支出をするのである。

ではどういう理由で財政支出が合理化されているのであろうか。国会の審議では次のように説明された。まず八条については「間接的に、具体的にその原因に直ちにはつながらないにしましても、その周辺の苦しみを若干でもやわらげたいという意味」（衆議院内閣委員会一九六六年四月二八日、傍点は筆者）というのである。

また九条については「この第九条の規定を設けたゆえんのものは……防止、軽減しようといたしましてもなかなかできない、できないけれども、やはり障害というものは残っているという場合に、その障害の緩和に資するためのいろんな民生安定の事業をして差し上げましょう」（衆議院内閣委員会一九七四年五月一六日、傍点は筆者）というのである。

いずれも、「苦しみ」や「障害」の原因である基地の除去をめざすのではない。あくまで「やわらげる」「緩和」するにすぎないのであるが、公共施設を整備することがなぜその「やわらげる」「緩和」に結びつくかについての説明はない。本来、公共施設の整備は、基地があるなしにかかわらず、どの自治体にも平等な条件で保障されなければならない。しかし基地がある自治体には、防衛省が裁量権をする環境整備法八・九条にもとづく特別な財政措置によって、公共施設が整備されるのであるから、そこには賄賂性を見て取らざるをえないのである。

●再編交付金

詳細は別稿に譲るが（川瀬光義「基地維持財政政策の変貌と帰結」、宮本憲一・川瀬光義編『沖縄論――平和・環境・自治の島へ』岩波書店、二〇一〇年）、普天間飛行場を撤去する条件として沖縄県内に新たに基地を建設することを受け入れる見返りとして、この一〇年余の間多様な資金が投じられてきた。そのほとんどは、この八条ないしは九条の枠組みを応用した賄賂性の高い資金であった。とくに、米軍再編をすすめるために設けられた再編交付金は、対象施設・対象自治体を防衛大臣の裁量で選別すること、基地面積などを点数化して配分額をきめること、対象が広範囲で一〇割補助が可能であることなど、九条交付金の枠組みが踏襲されている。

そして何より重大な問題は、前岩国市長のように民意を踏まえて反対の姿勢を示しただけで対象自治体としないとすることができる点である。さらに最近では、新市長が基地新設に反対している名護市において、基地新設を容認してきた前市長時代からの継続事業について、一〇年度分の交付を保留するのみならず、〇九年度内示分の六割に当たる約六億円についても、防衛省は何の説明もなく交付していないことが明らかになった（「名護市　別財源検討へ」『琉球新報』二〇一〇年七月二九日付）。

基地と並ぶ迷惑施設である原子力発電所の場合、受け入れの是非をめぐって当該自治体には曲がりなりにも選択権がある。しかし米軍再編については、自治体の意志を問うことなく一方的に押しつけられている。にもかかわらず政治姿勢によって交付金の支給を差別するというのは、憲法違反というべきではないだろうか。

ちなみに、小泉内閣で防衛事務次官として米軍再編政策を推進した守屋武昌氏は、防衛庁に入庁後まもなく九条交付金の作成に携わった。守屋氏の原点は、一九七三年に日米合意された「関東移設計画」にある。それによって「首都圏から多くの基地が返還され、首都圏では米軍基地問題が社会問題化することはなくなった」というのである（「インタビュー『政府案』に実現性はあるか――守屋武昌氏に聞く」『世界』第八〇一号、二〇一〇年二月）。要するに、基地を一部地域に集約することで、基地問題を社会的争点化しないようにし、その代償として重い負担を余儀なくされた地元への対策として考案されたのが、九条交付金なのである。

その守屋氏が、九条交付金の枠組みを活用した再編交付金の立案を担ったのも偶然の一致とはいえないであろう。いずれにせよ、現政権は、これまでのような基地受け入れの見返りのような振興策は行わない旨を明言している。そうであるならば、見返りが明確で、憲法違反というべき再編交付金はただちに廃止されるべきであろう。

おわりに

基地の存在が雇用につながり、物資・サービスが購入されることなどによって、地域経済に一定の影響を及ぼす。加えて日本では、米軍基地維持を最優先の政策としている日本政府による過大な財政支出がおこなわれている。しかし、どんなに経済「効果」があろうとも、それは次世代にも引き継ぐ持続可能な地域経済につながるものではない。

第一に、基地それ自体は経済的に意義のある付加価値をもたらす財やサービスを生産する場ではない。基地を拠点としておこなわれる軍事活動は、経済上の「再生産外消耗」つまり浪費である。

第二に、米軍基地の存在についての意思決定は、地域住民はもとより、日本政府にもない。アメリカ合衆国政府の意思次第でその存在が左右される施設に依存しているような地域経済に持続可能性があるはずがない。

沖縄では、最近、北谷町・那覇市などで返還跡地の利用がすすんでいる。商業型開発を主としたこれら事例には種々の問題があるが、確かなことは、米軍基地として占拠されていた時期と比べ、雇用・税収など、いずれにおいてもすぐれた経済効果をもたらしていることである（真喜屋美樹「米軍基地跡地利用開発の検証」、宮本憲一・川瀬光義編、前掲書）。また、この一〇余年間、普天間飛行場にかわる新しい施設の候補地となった沖縄県名護市をはじめとする沖縄本島北部地域には、かつてないほどの財政資金が投じられてきた。しかしこうした資金による「振興」では、地域経済によい成果をもたらさないということを学んだ名護市民は、二〇一〇年一月の市長選挙において、いかなる基地建設も認めないことを公約した候補者を当選させた。そして新市長は、一〇年度予算に新規の再編交付金を計上しなかったのである。この名護市長の姿勢は、怪しげな資金の受取を拒否し、基地に依存しない新たな地域経済のあり方を模索する第一歩と評価できる。

一九九八年の知事選挙で大田昌秀氏が敗北して以来の沖縄の選挙では、しばしば基地か経済かが争点になった。そして基地に批判的な候補者の敗北が相次ぐなど、経済のためには基地受け入れもやむを得ないかのような状況が続いた。しかし前記のような事例からして、基地に関連した地域経済には未来がないことについて、沖縄では共通認識が形成されつつあると思われる。県議会においてすべての党派が一致して県内への新基地建設を認めない決議が上がり、さらに二〇一〇年七月の参議院議員選挙の沖縄選挙区、および同年一一月の知事選挙では、主な候補者がすべて新基地建設反対を公約することとなった背景には、こうした事情があるのではないだろうか。

8　極東有数の航空機基地にたちはだかる岩国市民
——民主主義と自治を守る闘い——

井原　勝介

山口県岩国市には、米海兵隊と海上自衛隊が共用で使っている岩国飛行場がある。騒音や事故の軽減を目的に一九九七年から滑走路の沖合移設工事が進められてきたが、いつの間にか米軍再編の受け皿にされようとしている。米軍再編により、厚木基地から空母艦載機五九機、普天間基地からKC130空中給油機一二機の移駐が計画され、これが具体化すれば、岩国飛行場は、ジェット戦闘機一二〇機余りを抱える極東一の航空機基地になる。しかも、艦載機はNLP（夜間離着陸訓練）など激しい騒音をまき散らすことで有名な部隊である。さらに、増加する人員約四〇〇〇人のための新たな米軍住宅の建設も計画されており、今回の米軍再編で、岩国には負担が集中しようとしている。

負担の大きさの割には、政府の対応はあまりにもお粗末である。日本の安全保障に関する長期的な展望、それを踏まえた米軍基地のあり方と今回の再編の必要性、そして住民生活に与える影響などに関しててていねいな説明があってしかるべきであるが、残念ながら、そうした話は一切なかった。

私は一九九九年から二〇〇七年まで岩国市長をつとめ、その間、二〇〇六年に当時の守屋防衛事務次官と一度だけ会談した。次官は「アジアと日本の安全を守るために必要だから理解してくれ」これだけであった。後は、アメとムチで一方的に抑えつけるだけ……。再編交付金が典型であるが、お金で市民の心を買うというやり方は、政治のレベルがあまりにも低く、品がない。一部の人は利によって動くかもしれないが、地方は国の奴隷ではないし、生活がかかる人たちは、そんなやり方では決して納得しない。

政権交代しても、こうした流れはあまり変わっていないように見える。岩国の実情を紹介しながら、今、我々が何をなすべきか考えてみる。

1 滑走路沖合移設と米軍再編

騒音や事故の軽減を目的にして一九九七年に始まった滑走路の沖合移設が、いつの間にか米軍再編の受け皿にされ、住民の間には、「だまされた」という強い不信感がある。沖合移設は二四〇〇億円もの多額の国費を使う大事業であり、今にして思えば、安全安心は表向きの口実として、裏では将来の基地機能の拡大が仕組まれていたと考えざるを得ない。しかも、当時の政治家や有力者たちは、そのことは百も承知の上で地元への経済効果を狙い、将来の負担には目をつむったというのが真相であろう。

「戦後六〇年間も基地の負担に苦しんできてようやく安心できると思っていたのに、さらに大きな負担を押しつける気か」。基地のすぐ近くに住む住民の悲痛な叫びである。沖合移設の目的が大きく変わったのだから、公有水面埋立法に基づく山口県知事による埋立承認を取り消し、環境アセスメントなどを行った上で、改めてその可否について判断すべきである。

二〇〇八年二月には、市民により県知事を相手に埋立承認の取消を求める裁判が提起された。

二〇〇九年三月、岩国では初めての爆音訴訟（原告団六五四人）が提起された。騒音被害に対する損害賠償とともに、米軍再編の差し止めを求めていることが大きな特徴である。

●住民投票で米軍再編にノー

米軍再編をめぐって二〇〇六年三月に住民投票が実施されている。ボイコット運動などもあったが投票率は六〇％近くに達し、受け入れ反対が約九〇％を占め圧倒的な民意が示された。

デマや圧力などにより民意がねじ曲げられることも多い選挙に比べて、住民投票はより正確に民意を把握することができる有効な仕組みである。国であれ地方であれ、民主主義の政治にとって民意は重いものであるが、残念ながら、多くの政治家や国、山口県なども、都合の悪いものは見たくないという発想で、結果を正面から受けとめようとはしなかった。

「国防は国の専管事項である」から地方は口を出すべきではないとよく言われる。確かに、外交・安全保障は、一義的には国の役割である。しかし、地方がものを言えないという意味での国の専管事項では断じてない。国防の対象は国民、市民であり、主権者たる住民がその意思を表明することに何の制約もない。住民を守るために地方自治体が発言し行動することも固有の権利である。そこにあるのは、国と地方の役割分担である。お互いの役割と責任を尊重しながら、論理的な話し合いを行う中で合意点を見つけていくことである。

●市庁舎改修への横やり

市長の一番大切な仕事は市民を守ることであり、私はその務めを果たすために自然に行動しただけであるが、そうすればするほど、先方の本性が次第に顕わになっていった。その典型が、庁舎補助金のカットであろう。

地震で痛めつけられた岩国市役所庁舎の建て替えについて、二〇〇五年に補助金約四九億円を受けるという合意が防衛庁との間で成立し、建設に着手した。一年目、二年目と予定通り工事が進んだが、二〇〇六年の暮れ、防衛省予算から三年目の補助金約三五億円が突然カットされた。「米軍再編を容認しないから」という後から出てきた理由で、すでに約束されていた補助金をいきなりカットするなど、信義に反する暴挙である。当時絶大な権力を誇った守屋さんの成せる離れ業であろうが、国と地方の信頼関係を根底から覆すものであった。

当然のごとく住民の怒りは沸騰したが、一方で、市民の間に動揺や不安も広がっていった。

2　愛宕山開発事業の突然の廃止と米軍住宅建設

山口県と岩国市は、滑走路の沖合移設への埋め立て土砂の供給と良好な住宅団地の造成を目的に、一九九七年から愛宕山開発事業を行ってきたが（図5）、ちょうど埋め立て用の土砂搬出も終わった二〇〇六年夏、山口県が突然事業廃止を表明した。背景には、防衛省から米軍住宅用地として買収したいとの打診があった。開発に伴う借金（約二五〇億円）解消の好機として、山口県はこの提案に飛

図5　岩国基地と愛宕山開発地

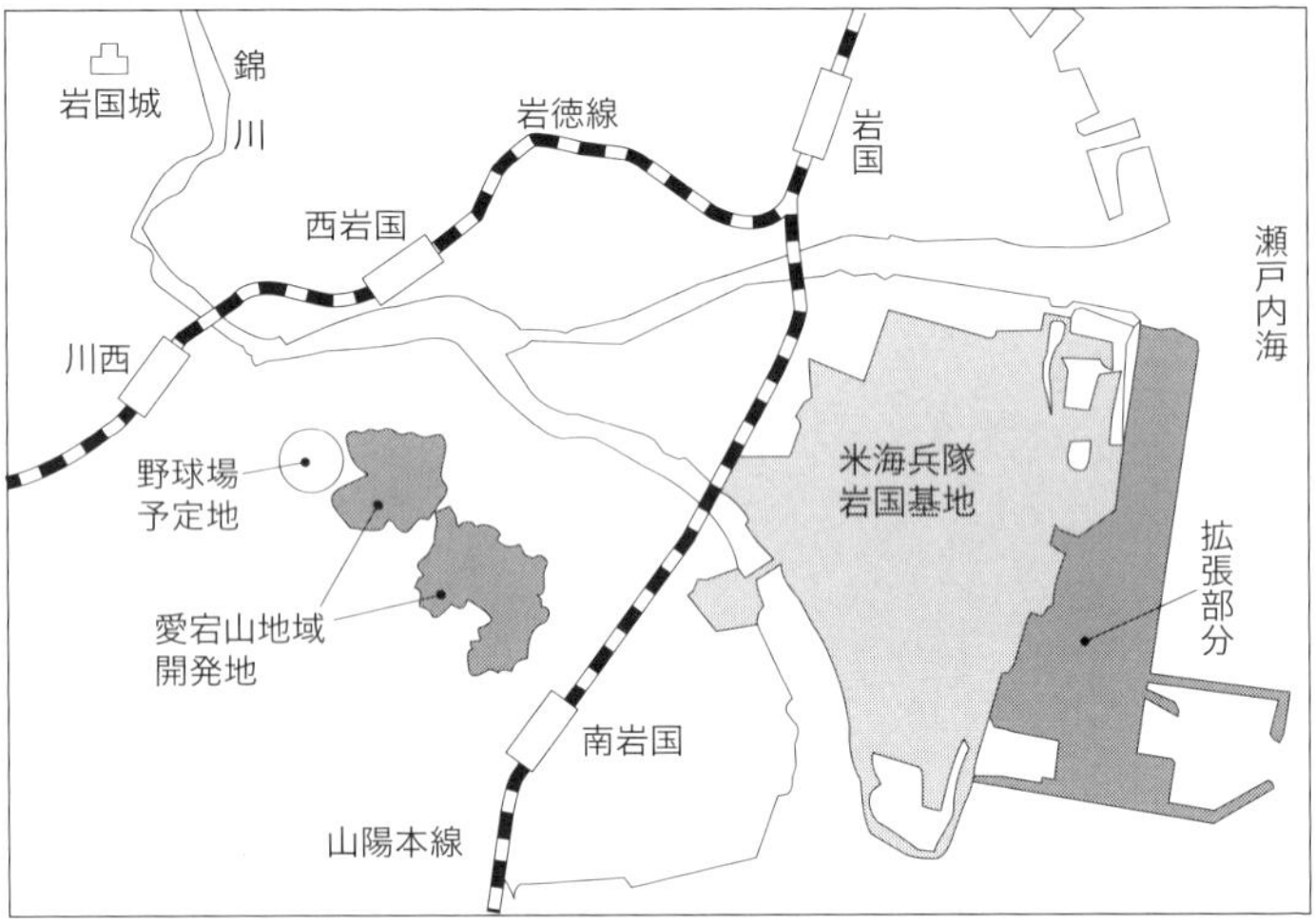

び乗ってしまった。当時の副知事から県の意図を聞かされて、何と非常識で乱暴なことをするものだと信じられない思いであった。目先の借金、即ち自らの責任を逃れるためには、新たな米軍基地を作り岩国の将来に大きな禍根を残すことなど意に介さないという態度であった。

周辺住民の強い反対意見も無視され、二〇〇九年二月には、県による事業廃止、同時に国土交通省による事業認可の取り消しが行われた。借金解消のみを理由とし、公的には売却先や用途も未定とされたまま、いきなり「新住宅市街地開発事業」を廃止することは、全国的にも例がなく、法律上も根拠がない。二〇〇九年七月、住民により、国土交通省を相手に「事業認可取消の取消」を求める裁判が提起された。

市民の安全・安心のための滑走路の沖合移設と福祉施設や学校なども整備するまちづくりのため

に協力して欲しいと言われて、先祖伝来の土地を売却した地権者や、一〇年間、工事による騒音や振動等の被害を受けながらも協力してきた周辺住民にとって、突然目の前にフェンスが張られ米軍基地ができることは寝耳に水の話であり、ここでもだまされたという強い不信感がある。愛宕山は古くから鎮守の杜として、花見や子ども相撲など、周辺住民の憩いの場所でもあった。

もちろん、市街地の真ん中に、広大な米軍基地（東京ドーム一五個分に相当）ができれば、将来にわたって治安の悪化、まちづくりの大きな障害になることは目に見えている。

●密約

さらに問題なのは、住民の反発を恐れて意図的に「米軍住宅化」が隠されたまま、愛宕山開発事業の廃止が強行され、そのまま、防衛省に売却されようとしていることである。

そのことを証明する「密約」が発覚した。新聞や市議会議員有志により暴露された愛宕山開発に関する「市長協議報告書」には、すでに二〇〇八年四月の時点で、防衛省から岩国市の要望していた民間空港の開設と引き換えに米軍住宅化の了承を求められるなど裏取引の実態が生々しく記録されていた。岩国市は、この報告書の内容は想定問答・ケーススタディであり事実ではないとしているが、これを読めば単なる想定でないことは誰の目にも明らかである。

二〇一〇年一〇月、この内部文書の全面公開を求める裁判の判決が出された（山口地裁）。この判決で、岩国市の全部非開示の決定が違法であるとして文書の一部公開が認められ、併せて防衛省から前述の働きかけがあったことが確かな事実として認定された。

山口県知事と岩国市長はこうした事実をひた隠しにし、議会や市民に対して「防衛省に無条件での買取りを求めているが、まだ返事がない」と繰り返し説明しながら都市計画の廃止などの法的手続きを強引に進めたことになる。

最近、鹿児島県の阿久根市長の議会を無視した専決処分の乱発が違法行為として指摘されているが、岩国の例は、さらに悪質であると言っても過言ではない。市民をごまかし、岩国の大切な土地を売り渡し、新たな米軍基地を作るなど、市民に対する重大な背信行為であり、到底許されることではない。

●政権交代と愛宕山買取り経費の予算化

対等な日米関係と米軍再編の見直しを掲げる民主党政権の登場により、市民は変化を期待したが、やがてそれは裏切られる。何の説明もなしに、二〇一〇年度の防衛省予算にいきなり空母艦載機移駐関連経費約二七〇億円が計上され、その中には、愛宕山開発跡地を「米軍再編関連施設用地」として買い取る経費一九九億円も含まれており、防衛大臣からも、岩国に関する米軍再編は従来通り進めるという方針が示された。

旧政権のアメとムチの手法に対する検証も行われず、また、新政権としての考え方も何も示されず、ただ従来の方針を踏襲するということでは、あまりに芸がない。政治の変化に対する期待が大きかっただけにその反動として市民の不信と怒りが高まり、二〇一〇年五月二三日には、市民大集会が開催された。

●米軍住宅建設案の提示

そして九月には、防衛省から「愛宕山への施設配置（案）」が示され、住民説明会も開催された。その内容は、米軍住宅（一〇六〇戸）のうち、四分の一（二七〇戸）を愛宕山に、残りの四分の三（七九〇戸）は岩国基地内に建設し、付属の運動施設も整備するというものであった。

すでに裏取引に応じている山口県知事と岩国市長は、直ちにこれを評価、歓迎する姿勢を示した。「無条件での買取りを要望する」「米軍住宅ありきでは売らない」と大見得を切ってきた彼らの言は、いとも簡単に覆された。中身はいまだに明かにされていないが、すでに市民の間では、市民球場ができるのではとスポーツ施設に期待する声も大きくなっている。

一方、こうした国や地元自治体の姿勢に対して関係住民は反発を強めており、二〇一〇年八月から、「愛宕山を守る会」を中心にして、毎月三回、「一」のつく日の午前一〇時から一二時までの二時間、愛宕神社前広場で「愛宕山見守りの集い」と称する座り込み抗議活動が開始された。

国の差し出すアメにより動かされ市民は確実に分断されていく。悲しい現実であるが、基地の負担に苦しむ住民には生存そのものがかかっており、決してあきらめることはできない。すでに二〇一〇年度内の愛宕山売却に向けて作業は秒読みの段階に入っているが、このまま事実を隠し説明責任を果たさず一方的に進めても、不信と対立が深まるばかりで決して問題の根本的解決にはならない。

小手先の対応ではなく、沖縄も含めて米軍再編全体を、その前提として日本の安全保障のあり方を新しい視点で見つめ直す必要があり、その際には、従来の発想を思い切って転換し、住民の声に真摯に耳を傾けることから始めるべきである。

3　民意を欠落させた外交・安全保障

日本の外交・安全保障には、「民意」が決定的に欠落している。政権交代しても状況はあまり変わらず、それが問題解決を難しくしている。

「腹案はあるが、反対が起こるから公開できない」。三月末の党首討論における鳩山前首相の発言であるが、政府の考え方を端的に示している。市民に知らせれば反対するから、隠密に進め、決まった後で説明し理解を求めればいい。場合によってはお金や圧力を使えば何とかなる。こうした旧態依然とした官僚的発想は、もはや通用しなくなっている。

外交・防衛も国民の理解と協力がなければ一歩も動かない。沖縄の例がそれを証明している。強い反対が予想される場合には、情報をできるだけオープンにして、時間をかけてていねいに説明し理解を求めることが肝要である。後回しにすればするほど、問題の解決は難しくなる。政策に合理性があり、国民全体にとって必要なことであれば、市民は必ず理解する。政治は市民に由来しており、市民の良識を信じることがその原点である。遠回りのように見えるが、逆に解決の近道となる。

●市民の力で政治を変える

どこのまちも、それぞれ難しい課題を抱えている。基地問題もその一つであるが、その課題をどのように解決するかは、政治のあり方により決まる。普段はどんな政治でも市民生活に大きな影響は生じないが、困難に直面するとき、政治の真価が問われ、まちの将来が決まる。

いわゆる利益誘導型の古いタイプの政治では、選挙のために、一部の有力者や団体、特定の地域などの特別な利益が優先される。初めは激しく反対するポーズをとりながら、結局、眼先の利と引き換えに国の言いなりに基地の拡大を受け入れる。この種の政治は、市民の反発を恐れて都合の悪いことは隠し、時に甘いエサをバラまき市民をごまかす。こうした手法は、基地問題にとどまらずすべての分野に及ぶ。そんなまちに発展はないし、市民の幸せもない。

「平和で平穏な生活」が多くの人に共通する「幸せ」、憲法の基本的人権であり、政治の目指すべきもの。それを実現するために、民主主義、地方自治の仕組みがある。しかし、市民が直接その意思を表明することができる唯一の機会である選挙においてデマや圧力などにより民意がねじ曲げられることがあるように、この国の民主主義はまだまだ発展途上、本物ではない。時に暴走し、市民に害を与える。黙って任せていては、政治は決して市民を守ってくれない。

市民が自立し、責任を持って、政治をつくり、そして常に監視し意見を言い、さらに必要があれば代えること。市民が自らの生活を守る唯一の方法である。自由な市民の意思が尊重される新しい民主主義（市民主義）の政治を実現するため、私は、二〇〇八年四月、市民による新しい政治グループ「草の根ネットワーク岩国」を設立した。会員は、全国五千人近くに達している。広く市民を対象にして政治に関する学び舎「草莽《そうもう》塾」も開設している。また、二〇〇九年には、米軍再編をめぐる岩国の闘いをまとめた『岩国に吹いた風――米軍再編・市民と共にたたかう』（高文研）を出版。防衛省や山口県との交渉の内幕などすべてを明らかにしている。きれいな言葉の陰で現実の政治がいかに欺瞞に満ちているか少しでも知って欲しい。

9　増強され続ける佐世保基地

山下　千秋

1　際立つ佐世保基地の増強

長崎県佐世保市には、米海軍第七艦隊および海上自衛隊の佐世保基地、ならびに陸上自衛隊の相浦基地がある。在日米軍の中でも佐世保基地の増強ぶりは、際立っている。その特徴は、次の三つに整理されるだろう。①巨大な補給基地をいっそう機能強化しようとしている。②沖縄・海兵隊基地、岩国と一体になった直接出撃機能を強化している。③海自、陸自（西部方面隊普通科連隊）との軍事一体化を強め、日米共同作戦基地として強化されつつある。

二〇一〇年一二月一七日、民主党政権は、従来の日本防衛を建前にしていた基盤的防衛力構想から訣別し、動的防衛力構想へと危険な新防衛構想を閣議決定した。そこには、佐世保海自基地、陸地基地に直接つながる潜水艦基地創設、イージス・システム搭載護衛艦の能力向上がしっかり盛り込まれており、重視せざるを得ない。

●新しい弾薬庫を建設

米海軍佐世保基地は、基本的には朝鮮戦争、ベトナム戦争、アフガン報復戦争、イラク戦争など後方支援・補給基地として重要な役割を担ってきた。米軍自身が、佐世保基地について、「弾薬貯蔵能力は西太平洋第一位、燃料貯蔵能力は米国防省所管中第二位である」（太平洋艦隊記録）と述べている程の大きな規模になっている。

それなのに、今から約二〇年という時間をかけ、どんなに少なく見積もっても一〇〇〇億円は下らないという途方もない巨額な税金を投入して、新弾薬庫をつくろうとしている。六〇ヘクタールの海を埋め立て、大きな輸送艦、戦闘艦船が直接接岸でき、有事即応の施設にしようというのだ。

●米軍の直接出撃基地

イラク戦争のさなか、米海軍には、強襲揚陸艦エセックスなどの三隻の揚陸鑑に原子力潜水艦、イージス艦などの四隻を加え、計七隻で構成する「遠征攻撃群」部隊が設置され、佐世保は単なる補給基地機能だけでなく、直接戦闘地域に出撃する侵略基地の機能を併せ持つようになってきた。

殴り込みに欠かせない上陸用舟艇、海の上も陸の上も航行（走行）できるＬＣＡＣ（エアクッション型揚陸艇）基地も一気に倍化できる計画がすすめられ、二〇一一年度で完成しようとしている。山を切り開き海を埋め立て、現在の崎辺ＬＣＡＣ基地の面積を四倍に広げ、配備隻数を現在の七隻から一二隻体制にしようというのである。ＬＣＡＣ基地は、アメリカ本土にも二つしかなく、海外にはこの佐世保以外どこにもない。米海軍の保有数は九四隻。その内、一二隻を佐世保に集中させようとしている。

ＬＣＡＣ基地拡張計画はこれまた日本政府の思いやり予算によるものだが、当初一〇〇億円と説明してきたが実際にはその二・八倍もの費用を費やしている。

現在、米海兵隊普天間基地移設問題が大問題になっている。その移設候補地として、長崎・大村の海自航空基地、佐世保・相浦陸自基地、佐賀民間空港などが浮上しているが、そのおおもとには普天間ヘリ部隊、在沖縄海兵隊部隊を輸送する揚陸艦部隊が佐世保にあることに起因している。米海兵隊部隊を一体的に運用するうえで、これらの候補地が浮上することは、ごく自然な成り行きといえよう。

●日米共同作戦基地

在日米軍再編は、有事即応と日米軍事一体化を特徴としている。佐世保海自、陸自はまさにこの方針に呼応する。佐世保海自は、これまでも湾岸戦争直後の初めての本格的海外派兵の突破口となった一九九一年四月、ペルシャ湾に掃海艦部隊を派遣した。アフガン報復戦争、イラク戦争がはじまると、今度はインド洋に護衛艦、補給艦を真っ先に派遣した。ソマリア沖の海賊対処を口実にした海賊対処法が成立すると、これまた佐世保海自が重要な役割を果たした。いくつか事例を紹介してみたい。

(1) 立神地区は、強襲揚陸艦エセックスなど八隻の米艦船、海自の主要護衛艦一六隻、大型補給艦二隻が接岸・係船している。さらに日米双方の艦船出入りの機能を高めるために、海を埋め立て、用地を確保、約五二〇メートルの岸壁を二〇一〇年に完成させた。要した年月は一一年、税金投入は約一八七億五五〇〇万円にのぼっている。

(2) 崎辺地区では、現在ある米海軍LCAC基地を横瀬地区に移し、そのあとを佐世保市などに返還するのではなく、海自に使用させ、その海自は、そこに総延長一〇四〇メートルもの超大型桟橋建設計画を明らかにしている。現在、インド洋海外派兵の拠点となっている二本の立神桟橋は米軍基地内にあるため、崎辺への集約による運用上のメリットは海自にとってひじょうに大きなものがある。さらに崎辺には海自イージス艦のミサイルの性能維持等のための佐世保弾薬整備補給所があり、イージス艦三隻を機能的に運用できることになる。まさに日米共同作戦基地としての機能強化だ。

(3) 倉島においても、周辺海域を二メートル浚渫し、より大型の艦船の係船を可能にし、陸域において老朽化した施設すべての建て替え工事が進行中。ここでも投入される税金は約二〇〇億円にのぼる。

(4) 特筆すべきは佐世保の海上自衛隊がMD（ミサイル防衛）構想の一翼を担っていることだ。MD構想は、アメリカ本土へのミサイル攻撃を防衛するというものだが、その要のイージス艦を海自は佐世保には三隻も配備している。すでにすべてのイージス艦が高性能の装備を終え、実験を終えて実戦配備についている。我が国に六隻保有のイージス艦の半分を佐世保に集中させている。いかに佐世保を重視しているか歴然としている。

(5) 陸自相浦基地には、二〇〇二年、西部方面隊普通科連隊が創設された。中身は海兵隊日本版と言うべき特殊部隊である。全国のレンジャー部隊から選び抜かれた隊員六六〇名で構成されている。その激しい訓練は初年度から自殺者三人が出るほどのものである。食糧をもたせず無人島に数週間も滞在させる「生存型訓練」を行っている。さらに本家本元の米海兵隊から直接の指導訓練を毎年アメリカ本土で行っている。

米世界戦略のために、アメリカ青年だけでなく、いつでも日本国民を組み込ませる狙いを込めた訓練であることは明白である。

2　市民の要求を逆手に基地強化

これらの基地増強のやり方は、普天間と全く同様なものである。市民の安全・安心を求める要求と闘いを逆用したものばかり。「ＬＣＡＣの騒音なくせ」の市民要求を逆手にした倍化の増強。危険な前畑弾薬庫撤去要求をテコにして、これから数千億に達するであろう新弾薬庫建設が着工されようとしている。佐世保の基幹産業、造船業界からの生産施設確保の要求を逆手にした米軍専用岸壁建設計画に約六八〇〇億円の税金が注ぎ込まれている。

核搭載はないと市民を欺いて、原潜寄港、原子力空母寄港を押しつけ、今日の日米の重要な軍事都市にさせた歴代政権の責任は重大である。新政権もまた密約を認めず、したがって密約破棄要求もできず、核もち込み体制を温存させようとしている。この実態を明らかにして「核も基地もない平和な佐世保」をめざす運動と世論を広げていきたい。

10 自衛隊との連携強化が進む横田基地

土橋　実

1　米軍横田基地

（1）横田基地は、東京都福生市、立川市、昭島市、武蔵村山市、羽村市及び瑞穂町の五市一町にまたがる本州最大の米空軍基地である。基地の東西は約二キロメートル、南北は約四・五キロメートル、総面積七一三万六四一三平方メートル（七・一平方キロ）で、成田国際空港の九四〇万平方メートルと肩をならべる広さである。極東では、沖縄の嘉手納基地と比肩する米軍の戦略拠点であり、しかも東京都心に接近していて、世界的にも例を見ない。横田基地と厚木基地での米軍機の離発着を優先させて、東京の東には米軍の管制下にある広大な「横田空域」が広がり、関西方面への民間航空機の飛行をいちじるしく制約している。

（2）横田基地の前身は、一九四〇年に旧帝国陸軍が建設した多摩飛行場で、戦後米軍に接収され、一九六〇年にはおおむね現在の規模に拡張された。朝鮮戦争当時はB29爆撃機の出撃基地として機能し、ベトナム戦争時も補給拠点として積極的に活用された。現在は、在日米軍司令部及び第五空軍司令部が置かれる東アジアの主要基地であり、極東地域全体の輸送中継ハブ基地（兵站基地）としての機能を有している。

横田基地はこれまで米軍専用基地であったが、自衛隊が米軍との防空・ミサイル防衛の情報共有・連携強化を目的として、航空自衛隊の航空総隊司令部を東京都府中市から移転させる予定である。現在、横田基地やその周辺では、航空総隊司令部移転に伴う関連工事が進められている。

2　騒音公害訴訟について

(1) ベトナム戦争時、横田基地から出撃する飛行機の爆音に悩まされた周辺住民は、一九七六年に国を被告とし、横田基地を離発着する米軍機の飛行差し止め、過去及び将来の損害賠償の支払いを求め、東京地方裁判所八王子支部へ訴訟を提起した(以下、「旧訴訟」という)。旧訴訟は、一九七七年には第二次、一九八二年には第三次訴訟が提起された。

旧訴訟では、米軍機に対する飛行差し止めについて、飛行規制権限のない国に飛行差し止めを求めるのは筋違いとして却下されたが、WECPNL(Weighted Equivalent Continuous Perceived Noise Level うるささ指数。以下「W値」という)七五以上の被害地域に住む原告に対し過去の損害賠償請求が認められ、一九九四年に終結した。

第三次旧訴訟控訴審で、裁判所が夜間早朝の飛行制限を盛り込んだ和解案を提示したことが国に衝撃を与え、一九九三年一一月、日米両政府は日米合同委員会において「米軍横田基地では午後一〇時から翌日午前六時まで原則として飛行しない」という合意を締結した。

（2）旧訴訟終結後、周辺住民は新たな裁判闘争を行うことを決め、基地がある五市一町と昭島市の住民のほか、騒音被害地域である東京都八王子市、日野市、埼玉県入間市及び飯能市の住民も新たに原告に名乗りを上げた。そして、一九九六年、今度は国と米国も被告として、夜間早朝の飛行差し止め、過去及び将来の損害賠償の支払いを求め、東京地方裁判所八王子支部へ訴訟を提起した（以下、「新訴訟」という）。

新訴訟は、一九九七年には第二次、一九九八年には第三次提訴がなされ、原告約六〇〇〇人を有する大規模訴訟となった。米国を被告に加えたことから、訴訟団や弁護団は三度にわたる訪米要請活動を行ったり、『ニューヨークタイムズ』に意見広告を掲載するなど、運動面でも積極的な活動を展開した。

対米訴訟では、二〇〇二年四月、最高裁判所は国際民事裁判権につき新たな判断基準を示したが、原告の請求は「我が国の民事裁判権は米国の主権行為には及ばない」として訴えを退けた。

対国訴訟のうち、米軍機の飛行差し止めについては旧訴訟同様の判断となった。損害賠償請求について、二〇〇五年一一月の東京高裁判決は、結審から判決言い渡しまでの将来の損害賠償請求部分について、基地公害訴訟ではじめて認める判決を下すに至った。しかし、残念ながら二〇〇七年五月の最高裁判所判決は、将来の損害賠償部分を破棄し請求を棄却した。それでも、最高裁判決では二名の裁判官が将来の損害賠償請求を認める少数意見を述べるなど、今後の基地公害訴訟の新たな足がかりを築くことができた。新訴訟は、W値七五以上の被害地域に住む原告に対し、国が過去分の損害賠償金総額約四〇億円を支払って終結した。

3　騒音被害はなくならない

（1）横田基地の飛行回数はここ数年ピーク時に比べて減少し、うるささの程度を示すW値も以前より低い値となっている。国は騒音コンター（等値線）の見直しを行い、二〇〇七年五月に告示された新コンターは、旧告示コンターに比べ被害地域が一回り小さくなった。三〇年以上にわたり「静かな眠れる夜を返せ」をスローガンに裁判闘争を続けてきた住民の闘いの成果が、現在の飛行回数の減少・騒音レベル低下につながったことは間違いない。

では、横田基地の騒音被害はなくなったのかといえば「否」である。訴訟団の八王子支部は、新訴訟終了後被害地域の約三〇〇〇世帯でアンケート調査を実施したが、依然として騒音被害や墜落の恐怖を訴える回答が多く、新たな裁判についても多数の賛同意見が寄せられている。

新訴訟終結に伴い、二〇〇八年一月に新横田基地公害訴訟団は解散したが、中心メンバーは引き続き「横田基地問題対策準備会」を設立した。準備会では騒音測定機器を購入し、独自に騒音測定調査活動を行うなど、新たな訴訟を視野に入れた活動を継続している。

また、新訴訟終了後、騒音公害という枠を超えて「横田基地問題を考える会」のように、日米の政府が横田基地を使って、世界の平和と私たちの生活環境を破壊している現状をどうすればやめさせることができるかを考え行動する市民団体の活動もはじまっている。

（2）すでに述べたように、横田基地では航空自衛隊の航空総隊司令部移転に伴う建設工事が進み基地機能強化策が進められている。基地内の土壌は、燃料漏れ事故などで汚染されている可能性が高く、建設工事で基地外へ残土が搬出されるため環境汚染の不安が拡がっている。

不況で国民が苦しむ中、引き続き多額の基地関連の思いやり予算が執行されている。こうした中で、二〇〇八年六月には横田基地に所属するヘリコプターが相模川河川敷へ緊急着陸する事態が生じ、七月には基地所属ヘリコプターから飲料水のペットボトルやアンテナ部品の落下事故があり、八月には基地所属軍属の暴行傷害事件、二〇〇九年一月には基地内での火災事故など、基地をめぐる事故・事件が多発し、近隣住民の不安はより一層大きくなっている。

今後、自衛隊司令部の移転によって基地機能がどのように変化するのか、これに伴い基地周辺の環境がどのような影響を受けるのかを注視し、他の基地訴訟や原告団と連携しながら引き続き運動を継続していくことが重要である。

11　ネットワークとしての在日米軍基地群

――神奈川から――

今野　宏

神奈川県には現在、米軍基地一七施設（海軍一三施設、陸軍四施設）、および自衛隊基地一一施設（海自五施設、陸自五施設、空自一施設）がある。しかし、それぞれ機能・性格を異にするそれらの基地間には、密接な関係が存在し、その関係を通じて総合的機能を果たしうるようになっている。例えば、米海軍厚木基地は飛行場基地であり、一方横須賀米海軍基地は米第七艦隊の原子力空母ジョージ・ワシントン（GW）を擁する母港であるが、後に説明するように、厚木基地と横須賀基地は不可分の関係にあることは明白である。

このような基地間の関連をたどっていくと神奈川県内にとどまらず在日米軍基地すべてのネットワークが実態として見えてくる。それらとともに県下にある一一の自衛隊基地・施設も、米軍との密接な関係を持つことも見えてくる。そこに見えるのが日米安保体制そのものに他ならない。

一方、基地周辺の地域には、住民生活や地域産業や地域経済の間に様々な関係が存在する。基地に依存して生計を立てる市民が存在する一方で、様々な基地被害を被る住民がいる。基地と周辺社会の間には、法的には国境が存在しながら、日常生活・経済活動に関しては一つの圏域を形成している。基地と住民との日常的相互関係の中にこそ、安保条約当事国間が対等平等であるか、それとも動かしがたい主従関係が存在するのかは、否が応でも自覚させられるのである。

それだけではない。敗戦後の被占領時代から現在の安保条約下の「同盟関係」まで、米軍基地のあり方にも歴史的変化が絶えずつきまとってきた。それらの歴史的遍歴を知ることも今日の安保の実態を正しく見るうえで欠かすことはできない。

基地問題から安保の実態を見いだす、と一言でいっても、筆者の力にはとても及ばぬ課題ではあるが、最も身近な神奈川の米軍基地の代表的実例および現状を紹介して責めを果たしたいと思う。

●戦後、日本本土の占領は神奈川から始まった

日本が降伏した一九四五年八月一五日からまもなく、連合国軍が第一次占領地域として指定してきたのは、厚木飛行場地域、横浜の総司令部地域、横須賀軍港・追浜海軍航空基地であった。八月三〇日、連合国軍最高司令官ダグラス・マッカーサーがマニラから厚木飛行場に降り立ち、同じ日の朝、横須賀に一万五千の兵士が上陸。横浜海運局に占領軍司令部を置く。横浜一を誇る「ホテルニューグランド」が占領軍首脳の宿舎になる。九月二日に横浜港大桟橋に騎兵第一師団、五千、三日中に相模陸軍造兵廠（現・相模総合補給廠）に一三〇〇、陸軍士官学校（現・キャンプ座間）、そのほか学校や旧軍施設などが占領された。

連合国軍総司令部は九月一七日に東京へ移ったが、横浜市内には米第八軍司令部が残り、この年の

末までに九万四千を超える兵員（当時の横浜市民の一五％）が駐留し、市中の広大な焼け跡や公園・競馬場などの民生用地が広範囲に接収され、「かまぼこ兵舎」が建ち並んだ。占領軍はサンフランシスコ講和条約成立後も、同時に締結された旧安保条約のために、駐留軍と名を変えただけで引き続き居座った。民生用地を多く占領された横浜市の戦後復興は極端に遅れた。当時の県内の米軍基地は一六二ヵ所、その後返還運動もあって一六ヵ所に減少したが、面積では当時の六〇％が米軍基地として今なお残っている。

●キャンプ座間（米陸軍）

沖縄県の米軍基地が陸上戦を経て米軍から返還されずに残されているのとは異なり、神奈川の米軍基地は、旧日本軍がすでに基地として使用してきた軍用地が多く、民生用地はいまでは例外的である。キャンプ座間の敷地は、旧日本陸軍の士官学校（創立一九三七年）が使用してきた土地で、敗戦の一九四五年に米軍に接収され、以来、事実上米軍が使用。座間市と相模原市にまたがるアメリカ陸軍の基地である。

前身が実戦部隊を擁する基地ではなかったため、占領されてからしばらくは兵舎と倉庫施設程度のものであった。しかし、港湾拠点として重要な横浜市中心部に居座っていた米第八軍司令部を郊外に移転させるために、一九五〇年代前半に日本政府の負担でキャンプ座間の整備を進め、次第にアメリカ陸軍の中枢拠点となっていった。

いまでも実戦部隊が大挙して存在するわけではない一見静かな基地ではあるが、在日陸軍関係の中心的司令基地である。在日憲兵大隊、日本軍事諜報大隊などの特殊な任務を持つ部門も包含されている。

二〇〇六年五月の「2+2」（日米安全保障協議委員会）で合意した在日米軍再編強化には、現在米ワシントン州に置かれている米陸軍第一軍団司令部のキャンプ座間への移転統合計画が含まれていた。しかし、二〇一〇年二月四日に米太平洋陸軍のミクソン司令官はテレビ記者会見で「米陸軍第一軍団司令部のキャンプ座間への移転についての合意は取りやめたが、（部分的に先行実施された）前方司令部の移転により、日米合意の義務をすでに果たしている」と司令部本体移転は必要ないとの認識を示し（『読売』の報道）、当初の計画の中断が明らかとなった。再編計画の中で進められた通信システムの改善により、本司令部を移転しなくても目的が達成されたことを示している。この経過は、再編計画は、実際には試行錯誤をしつつ推進されていることを示している。

海外派兵に迅速に対応する実戦部隊として朝霞駐屯地にある陸上自衛隊の「中央即応連隊」は二〇〇七年に創設されたが、一二年度までにキャンプ座間に移設される予定もある。キャンプ座間において、陸軍のみならず米日合同の作戦を統一的な指令の下に展開する態勢への移行計画が進行していると思われる。

●相模総合補給敞（陸軍）

相模総合補給敞は、旧日本陸軍の相模陸軍造兵廠の敷地・施設を接収して設置された。今は米陸軍第三五補給役務大隊の司令部が置かれている。大隊の任務は「陸軍事前集積貯蔵」（APS）の運用である。APSは米陸軍が全体で四ヵ所に設置しているが、その一つが日本に置かれている重要な施設である。在日米軍の緊急展開に備えて、「作戦用プロジェクト」や様々な種類の「戦闘予備品」を使用可能な状態で十分に保有していることを任務としている。ベトナム戦争に際しては、現地で破損した戦車等が次々と運び込まれ、即座に修理を施して現地へ送り返したことが知られている。このような能力を持つ基地は米軍唯一であると言われている。

相模補給敞には、再編計画の一環として「戦闘指揮訓練センター」が設置されようとしている。全体としての米軍は陸・海・空・海兵隊それぞれの指揮・統制システムを統合して「グローバル指揮・統制システム」（GCCS）を確立している、といわれている。この訓練センターの役割の一つは、GCCSの一翼として、在日米軍に関するローカルセンターを構築することと思われる。

●横浜ノースドック

横浜ノースドックは、一九四五年に完成した横浜港最大の埠頭「瑞穂埠頭」が、ほとんど完成と同時に米軍に接収されたものである。本州すべての基地活動をまかなう大量の米軍用物資の積み卸しが可能であることで、集積能力の高い相模原総合補給敞とは密接な関係にある。在日米軍が海外に展開する場合の揚陸艦艇なども常備されている。

●横須賀米海軍基地

歴史　横須賀港がアジア最大の軍港になった契機は、幕末期の「黒船騒動」にある。

一八六六（慶応二）年、横須賀製鉄所を開設。

一八八四（明一七）年、横須賀鎮守府が置かれ、日本海軍の基地となる。
一八八九（明二二）年、軍需物資を運ぶため横須賀線（横須賀―大船間）が開通。
一八九四年七月―一八九五年三月（明二七―二八）、日清戦争。以後すべての戦争に横須賀基地の海軍が参戦。
一九〇四年二月―一九〇五年九月（明三七―三八）、日露戦争。
一九一四年―一九一八年（大三―大七）、第一次世界大戦。英国の同盟国として参加、インド洋・地中海方面へ出動。
一九三一年九月―一九四五年九月（昭六―昭二〇）、「十五年戦争」、日本敗戦。米軍の占領下に入る。

占領軍は日本軍を武装解除する一方で、日本軍の残存能力を利用する必要もあった。横須賀港も米軍の空爆を受け、戦艦「長門」は破壊され、海軍工廠は炎上した。しかし、基地内には占領軍がそのまま利用しうる能力は残っていた。港湾周辺はもとより日本周辺に敷設された日・米双方の機雷の掃海には、旧日本海軍の掃海部隊が、保有していた掃海艇とともに動員された。一九五〇年、朝鮮戦争で米軍が仁川上陸を果たすにあたっても海上保安庁の組織となっていた掃海部隊が動員され、上陸作戦に貢献した。

この経験は、日本の再軍備政策のため、旧日本軍歴任者を動員して「警察予備隊」の新設を発足させるためには好材料となった。

日本占領は米国が責任を持っているにせよ、他の連合国の手前、占領軍を勝手に米国の都合で利用するわけにはいかない。そこに米国をして、すべての連合国の合意形成を待たずに日本との単独講和に走らせた理由があったのではなかろうか（一九五一年九月八日サンフランシスコ講和条約調印、同時に旧日米安保条約調印）。自衛隊の前身である「警察予備隊」もこの時期に設立されている。

今では県下の自衛隊基地・施設数も一一にのぼり、そのうち九ヵ所は横須賀市内にあり、他も一つは座間駐屯地内、もう一つも横浜ノースドック内と、米軍との一体化の密度が極めて高いことを示している。

米第七艦隊の根拠地　米第七艦隊は西太平洋、オホーツク海、日本海、インド洋およびアラビア海まで、実に地球の五分の一を管轄する米軍最大の艦隊である。二隻の原子力空母を含む約六〇隻の艦船を擁し、作戦機は海兵隊機やヘリコプターを含め約三五〇機に上り、所属隊員は海軍・海兵隊で二万、全体で約六万の兵員がある。第七艦隊の旗艦であるブルーリッジ（一万八三九〇トン）が横須賀を母港としている。さらに、原子力空母ジョージ・ワシントン（GW、満載時排水量一〇万四一七八トン、士官・兵員計三二〇〇名、航空要員二四八〇名、搭載八五機）、および、第一五駆逐艦隊九隻が母港としている。また、原子力潜水艦（原潜）の横須賀寄港も、のべ回数は八〇〇を超える勢いである。

旧軍港市転換法　横須賀市は戦前から帝国海軍の軍港都市として発展してきた歴史がある。そのため、敗戦により軍港が占領軍の全面的管理に移行すると、多くの市民が仕事を失い、また軍人もそれぞれの故郷などに帰ったため人口が半減し、市の財政も成り立たなくなった。旧軍港市であった呉、佐世保、舞鶴なども同様な事情にあった。

そこでこれらの市の旧軍用地を平和産業転換のため特別に払い下げることを謳った「旧軍港市転換法（軍転法）」が議員立法で成立した。この法律案は、一九五〇年四月一一日国会で可決後、憲法第九五条の規定による「特別法」として対象四市においてそれぞれ個別に地方自治法第二六一条に基づく住民投票が実施（同年六月四日）された。その結果、いずれの市でも同法は圧倒的多数の支持を得て発効されている。

しかし、時を同じくして勃発した朝鮮戦争のため、軍港は米軍（当時は占領軍）の出撃基地となった。占領目的外の活用に供され、旧軍港資産の返還は、以後もはかばかしく進まない状況が続いている。朝鮮戦争以降半世紀に及ぶ在日米軍基地の実跡は、それがもっぱら米国の世界戦略の行使に供されてきたことを示している。

否定できない核持ち込み現場の疑惑　米誌『ニューズウィーク』は、一九六五年に米空母タイコンデロガがベトナムでの任務を終え横須賀に向かう途中、艦載機A4Eスカイホーク一機を、一メガトンの水爆B43を搭載したまま沖縄近海で転落させたが、その後そ知らぬふりをして横須賀に入港していたこと、米海軍はこの事故をもみ消したことを報じた（一九八九年五月七日付『西日本新聞』）。禁止政策に反して、核搭載艦が日本に寄港していたことになる。

現在米海軍は、核認証を受けた原潜以外の軍艦には核を搭載しないと言っているが、核認証原潜は今なおしばしば横須賀港に入港し、核持ち込み疑惑に関して日本政府は、事前協議がない限り核は持っていない、と言うばかりで、事実上のフリーパス状態になっている。

横須賀港は米海軍の海外基地としては最大の基地である。ハワイからアフリカ東沿岸までをカバーする米第七艦隊の旗艦であるブルーリッジがここを母港としていることが、何よりも米軍の世界戦略にとって不可欠の基地であることを物語っている。

原子力空母が横須賀を母港としてから二〇一〇年九月二五日でまる二年が経過した。この間、二回にわたり大がかりな動力系のメンテナンスを行っている。通常型空母のキティホークと交代するにあたり、日米政府は動力源様式が違うだけだと市民の懸念を沈静化させようと努めたが、いざ母港になってからの相違に、市民は驚きと欺かれたことへの怒りを禁ずることができないでいる。

言うまでもなく空母の作戦行動は単独ではなく、数隻の駆逐艦・巡洋艦、それに潜水艦数隻などと「空母打撃群」を構成して行動する。この打撃群は一目瞭然、自国を防衛する体勢ではなく、海洋を隔てた敵国に出向いて攻撃する態勢である。日本国憲法の精神にそぐわないことはあまりにも明らかである。日本政府が憲法に誠実であるなら、まっさきに整理・解消しなければならないのは、横須賀米海軍基地であり、次いで横須賀につながるすべての基地である。

●厚木海軍飛行場（米海軍・海自）

厚木基地周辺の航空機騒音に関しては航空機騒音の被害で住民の苦情が絶えず、夜間離着陸訓練などをするなとの要求が強いことは以前から有名である。

空母の母港近くには必ず陸上に飛行場基地を設ける必要がある。空母が母港に帰港する際は、積載する航空機をあらかじめ陸上に降ろし、空身で入港する必要がある。

艦載機の飛行士は厳しい離着陸の条件に耐える技量を保つための訓練を不断に行わなければならない。そこで、空母入港中は陸上の飛行場に飛行甲板に見立てたマークを設け、離着陸訓練等を繰り返すのである。日本政府は厚木基地の艦載機を岩国基地に移すことで準備を進めている。

しかしその計画が実現すれば岩国およびその周辺での爆音問題が起こることは確実で、さらに岩国または呉に原子力空母に対応できる港湾が要求される気配もある。逆に厚木に対しては岩国のＰ３Ｃを移駐させ、または新たに艦載機のメンテナンス基地として強化するなど、新たな強化案が目白押しになる情勢である。

住民の長年の抗議を受け、岩国への移転が二〇一四年をめどに準備されているが、根本的解決にはならないことは明らかである。

●神奈川の基地機能を支える県内民間企業

神奈川県には、横浜開港以後急速に成長・発達した重化学工業、また機械・電気工業等が生まれ、京浜工業地帯が形成されていた。二〇世紀後半電子・通信工業の発達も世界のレベルをリードするまでに成長してきた。これらの技術・工業力が国内の高度な軍事技術を支えていることを忘れてはならない。軍事技術関連の企業をランダムに拾ってみると、某大手造船の横浜工場――ヘリ搭載護衛艦＆イージス護衛艦など、某電気・通信機・総合技術機器メーカー――機上方向探知機＆計器着陸装置＆

誘導弾装置など、某社情報システム事業部——搭載電子機器試験機器等の設計など、戦術情報処理システム&訓練・計測システムおよびこれらの構成品および関連機材の設計・開発・製造・サービス提供……、いずれも最先端兵器関連を想起させる項目が目白押しに記載されている。

●統合司令部構想

最後に、注目されるのは、現行の米軍再編計画では、「統合司令部」を構築することが強く意識されているらしいことである。これは、陸・海・空・海兵の各隊のリアルタイムの多元的な戦況推移を瞬時に分析し、それに対応した、これまた多元的な戦闘単位に対し、最適な作戦行動を、その後方支援部門をも含めて、遅滞なく指令しようというものである。いかにもアメリカらしい発想ではないか。高度な発展を遂げた高速電子情報システムを全面的に活用し、最適作戦の解を得、その解に従って作戦指令を求め、実行するという、一種の合理主義が生んだ再編強化の考え方であろう、と推察する。

しかし、このようなシステム構築計画は無限の試行錯誤をクリアーせねばならないが、全ての予想すべき要素をもれなく網羅することなどできようはずもなく、処理しきれなくなるのが落ちだと思われてならない。結果として予算の浪費と命令に従うだけの部隊の巨大組織を残すしかないであろう。

我々は、このような金と努力の無駄遣いにつきあい続けるわけにはいかない。日本は近隣諸国の警戒感を増幅させるような米軍の基地再編をあっさりと断ること、そのためには憲法九条の精神を我がものとし、安保条約の破棄通告を成し遂げる政府をこそ、求め、行動することである。

12 普天間問題に揺れるミサワ

斉藤　光政

●F16戦闘機が撤収？

「三沢基地（第三五戦闘航空団）のF16戦闘機四〇機すべてを、早ければ二〇〇九年中に撤収する」。二〇〇九年九月、米軍三沢基地は大きく揺れた。主力のF16の撤収構想がマスコミを通して突然、浮上したからだ。結論から言えば、米政府内部で検討されたものの一つが露出したにすぎなかったのだが、基地城下町には激震が走った。在日米空軍で唯一の「空中打撃力」であるF16が、近く姿を消す可能性があるというのか……。早速、私は答えを求めて、米国務省、国防総省、在日米軍、防衛省と日米の関係各筋に問い合わせてみた。

ところが、答えはすべて「ノー」。ある米軍三沢基地関係者にいたっては、次のように完全否定さえした。「現時点で、われわれにそんな話は全く聞こえてきていない。老朽化が進んでいる嘉手納基地のF15戦闘機を最新鋭のステルス戦闘機F22ラプターに更新するのは既定方針で了解済みだが、F16に限っては撤収するということはないでしょう。」

だが、F16撤収構想の波紋は大きかった。とりわけ、基地との「共存共栄」を掲げる地元の三沢市は混乱状態とも呼べる様相で、市役所幹部からは「Ｆ16撤収は基地交付金にも影響し、市の財政計画が狂う」「財政破綻した北海道夕張市のようになってしまうのではないか」と、悲鳴にも似た声さえ上がった。こうした三沢市の存続自体をも危ぶむ声に対して、外務省と防衛省は撤収構想を完全否定し、沈静化を図ろうとした。しかし、しこりは疑念となって、一年以上たった今も根強く残っている。

ではなぜ、そのような構想が降ってわいたように浮上したのか。ある軍事専門家はその背景を次のように説明する。「旧政権与党である自民党と、その自民党と在日米軍再編をめぐって一蓮托生の関係にある米政府関係者の意図的なリークだったのではないでしょうか。目的はもちろん、現民主党政権に対する政治的な揺さぶりです。」

揺さぶりの根底にあるのは、民主党政権と米国の間で今や抜き差しならないほど大きな政治問題となっている普天間移設問題。「飛行場をキャンプ・シュワブ沿岸部（名護市辺野古沖）に移すという現行計画にどうにか従わせたいというのが、撤収構想の真の狙いだったのではないでしょうか」と軍事専門家は続ける。

つまり、米国の望み通りにしないと、日本から米軍が去り、弾道ミサイルを抱えた北朝鮮と単独で向き合わなければならなくなる。それが、今の日本＝民主党にできるのか？　という自民党勢力と米国からの強烈な問い掛けだというのだ。

●冷戦の先兵からグローバル・ストライクへ

三沢のＦ16は一九八五年、極東ソ連軍の封じ込め戦略の先兵として配備された。有事の際、米海軍と海上自衛隊の哨戒機が行う原潜狩りを容易にするため、サハリンと択捉のソ連航空基地を破壊する使命を負わされたのである。

冷戦終結後は、米空軍が五つしか持っていない「ワイルド・ウィーズル」と呼ばれる防空網制圧専門の特殊部隊に姿を変え、仮想敵をソ連から北朝鮮に変更。全軍の一番ヤリとして、防空システムや司令部、弾道ミサイル基地、原子力関連施設といった重要目標の精密攻撃を主任務にしている。

そして忘れていけないのが、米軍再編に伴って新たに与えられた任務、つまり「グローバル・ストライク」である。簡単に言えば、地球規模での長距離先制攻撃のことで、二四時間以内に世界中のどこでも精密爆撃することが求められている。

その一例を紹介しよう。これは私がスクープした秘密作戦だが、二〇〇七年八月にイラク・バグダッド派遣の三沢所属F16四機が、バクダッド郊外にあるバラッド基地を飛び立ってアフガニスタン東部の反政府勢力タリバンの拠点を精密誘導爆弾GBU38で爆撃した。飛行距離は往復で六八〇〇キロメートル。このとてつもない距離を三沢のF16は一気に駆け抜け、しかも夜間に完膚無きまでに破壊するという離れ業を演じたのである（二〇〇八年七月二〇日付『東奥日報』）。

この作戦はその年の米空軍の最も優秀なミッションにも選ばれた。また、イラク戦争（二〇〇三年）でバグダッド空爆一番乗りを果たしたのが、三沢のF16といえば、同部隊の空軍内での位置付けがよく分かるだろう。つまり、北朝鮮はもちろん、中東に点在する米国の敵対勢力にとって、のど元に突きつけられたナイフのような存在がミサワなのだ。

それだけに、三沢のＦ16撤収構想がアジア全体に与える影響は見逃せない。保守系シンクタンクとして知られる米平和研究所のジョン・パク上級研究員（北東アジア担当）は私のインタビューに対して、こう分析してみせた。

「こうした撤収構想は北朝鮮をはじめとした米国の仮想敵国に誤ったメッセージを伝える可能性があります。なぜなら、彼らは常に米国が何をしようとしているのか、ということに神経を使っているからです。もし、三沢からＦ16を引き揚げるという事態になったら、特に北朝鮮はそれを米国のある種のシグナルと勘違いし、日米間に政治的なくさびを打ち込む決定的チャンスと思うかもしれません。」

こんな微妙な国際情勢の中、二〇一〇年一月に入って今度は「Ｆ16削減構想」なるものが、民主党と連立政権を組む国民新党の幹部によって公表された。明らかにしたのは、沖縄一区選出の衆院議員である下地幹郎政調会長。下地政調会長によると、削減構想は「米国側の基本的な考え方」であり、三沢のＦ16の半分（二〇機）を米本土に戻す一方、沖縄県の嘉手納基地からＦ15の半分（二八機）を三沢に移す内容なのだという。

この構想が実現すれば、「三沢の機数はあまり増えず、沖縄の負担も軽減できる」と、青森、沖縄県双方にとってメリットのあるプランと強調する下地政調会長。嘉手納の機数を減らすことで、普天間飛行場の機能をそのまま嘉手納に移転できる――というのが下地政調会長の考えだ。ただし、日米間の交渉は流動的なため、削減時期は不明としている。

下地政調会長には申し訳ないが、確かにこのF16削減構想は不透明すぎる。冒頭に紹介した撤収構想と同様に「交渉のテーブルに載せる以前の、米国側が数多く抱えるオプションの一つである可能性が極めて高い」（防衛省幹部）からだ。

また、この削減構想は北朝鮮などに対する抑止力の低下というマイナス要素を抱えている。なぜなら、三沢に移すというF15は基地を守るための制空戦闘機にすぎず、F16のような強力な対地攻撃力を持っていないからだ。対ソ連、対北朝鮮の出撃拠点として、米軍が四半世紀にわたって恒久基地化を進めてきた三沢。その姿を軍事アナリストの小川和久さんは「三沢要塞」とさえ表現する。

果たして、三沢要塞はその姿を大きく変えようとしているのか？　その問いに答えたのが、二〇一〇年八月に着任したばかりのマイケル・ラスティーン司令官だ。ラスティーン司令官は一〇月初めの記者会見で「今のところ、F16の削減や配置換えの計画はない」と撤退・削減案を真っ向から否定した。

このように、いつのまにか普天間移設問題とセットで語られるようになった三沢のF16。移設問題について、民主党政権は「最低でも県外移設」と大言壮語しながら、結局は約束を反故にし、沖縄を混乱させるだけ混乱させた。その混乱はいっこうに収まる気配がない。そんな国内の動きをよそに、三沢のF16部隊の一部は二〇一〇年九月末、騒乱が続くイラクへひそかに再び旅立った。「テロ」そして「タリバン」という二一世紀の新たな〝敵〟を追い求めて。

13 米兵犯罪と基地

中村　晋輔

日本国に外国の軍隊である米軍が駐留しているがゆえに、米軍構成員による犯罪が発生する。日米地位協定（日本国とアメリカ合衆国との間の相互協力及び安全保障条約第六条に基づく施設及び区域並びに日本国における合衆国軍隊の地位に関する協定）第九条二項により、合衆国軍隊の構成員（米兵）は、旅券及び査証に関する日本国の法令の適用から除外されているとともに、外国人の登録及び管理に関する日本国の法令の適用から除外されている。こうして米軍当局の指揮命令によって日本に出入国をする米兵により、日本国の一般市民が犯罪被害を受けることになる。

一九五二年度から二〇〇四年度までに米軍による日本国内の事件・事故の件数（施政権返還前の沖縄分を除く）は二〇万一〇〇〇件を超え、日本人の死者は一〇七六人にものぼる（二〇〇五年七月二日付『しんぶん赤旗』、防衛施設庁（当時）が赤嶺政賢衆議院議員に提出した資料に基づく件数）。

1　各地の米兵犯罪

●沖縄県

米兵犯罪がもっとも多く発生している都道府県は、米軍基地が集中する沖縄県である。沖縄県で発生した主な米兵犯罪の一部をあげることとする。

一九五五年九月三日、旧石川市において、六歳の少女が米兵から性的暴行を受けて殺害される事件(由美子ちゃん事件)が起きた。犯人の米兵は同年一二月に死刑を宣告されたが、その後本国へ送還され、四五年重労働に減刑された(『沖縄から――米軍基地問題ドキュメント』沖縄タイムス社編、朝日文庫、三一頁)。

一九九五年九月四日、国頭郡において、女子小学生が米兵三人(米海兵隊員二人、米海軍軍人一人)から性的暴行を受ける事件(沖縄少女暴行事件)が起きた。那覇地方裁判所は、一九九六年三月七日、米兵二人に各懲役七年、米兵一人に懲役六年六月の判決を言い渡した。那覇地方裁判所は、犯行について、「町中を歩いていたわずか一二歳の女子小学生を三人がかりで拉致及び監禁した上、暴行を加えたあげくに次々に姦淫に及んだのである。……まことに凶悪かつ大胆であって、極めて悪質というべきである」(『判例時報』一五七〇号一五三頁)と厳しく指摘している。

米兵二人が、第一審判決の量刑が重過ぎて不当であるとして控訴をしたが、福岡高等裁判所那覇支部は、一九九六年九月一二日、米兵二人の控訴を棄却する判決をした。

その後、外務省によれば、米兵三人は日本で服役した後、アメリカ合衆国に帰国させられ、米軍より除隊させられたとのことである。なお、元米兵の一人が、ジョージア州において、二〇〇六年八月二〇日、知人の女子大生に性的暴行を加え、首を絞めて殺した後、刃物で自分の腕を切って自殺したとの報道がなされている（二〇〇六年八月二六日付『朝日新聞』）。

二〇〇八年二月一〇日、北谷町において、女子中学生が米兵（米海兵隊員）から性的暴行を受ける事件が起きた。被害者が告訴を取り下げ、那覇地方検察庁が、同月二九日、米兵を不起訴処分とした。同年五月一六日、キャンプ・フォスターで開廷された米軍の高等軍法会議において、米兵は一六歳未満に対する暴力的性行為の罪を認め、懲役四年（司法取引により実質は懲役三年の実刑）、不名誉除隊等の刑を宣告された（二〇〇八年五月一六日付『琉球新報』夕刊、在沖米海兵隊ホームページ）。

二〇〇九年八月一日、米兵（米海兵隊員の少年）が、那覇市内でタクシーに乗車して運転手の首にナイフを突き付けて脅し、現金などを奪った上、運転手に傷害を負わせるという強盗致傷事件が起きた。那覇地方裁判所での裁判員裁判となり、米兵に対し、二〇一〇年五月二七日、懲役三年以上四年以下の不定期刑の判決が言い渡された。判決理由の中で、鈴木秀行裁判長は、「戦闘訓練を受けた被告がナイフを突きつける犯行の危険性は特に重視しなければならない」と述べたと報道されている（二〇一〇年五月二七日付MSN産経ニュース）。

●神奈川県

神奈川県においても、沖縄県に次いで米兵犯罪が発生している。近年、市民の生命が奪われるなど凶悪な犯罪が発生している。特に、在日米海軍司令部がおかれている横須賀は、第七艦隊司令部がおかれている揚陸指揮艦ブルーリッジや原子力空母ジョージ・ワシントンをはじめとして米海軍艦船一一隻の母港となっており、横須賀市内を中心に軍人・軍属等による犯罪が発生している。神奈川県で発生した主な米兵犯罪の一部をあげることとする。

二〇〇六年一月三日、横須賀市米が浜通において、空母キティホークの乗組員（米海軍軍人）が出勤途中の佐藤好重さんに対し、約一〇分間にもわたる暴行を加えて殺害し、現金約一万五〇〇〇円を奪うという強盗殺人事件が起きた。横浜地方裁判所は、同年六月二日、この米兵に対し無期懲役の判決を言い渡した。

横浜地方裁判所は、犯行について、「その暴行の程度がいかに激しいものであったかは、肋骨が多数骨折し、右腎、肝臓が破裂し、顔面及び頭部等に多数の挫創等が存在するなどの遺体の損傷状況が如実に物語るところであって、執拗で残忍極まりなく、冷酷非道というべきである」としている。

夫の山崎正則さんが、米兵と国を被告として民事損害賠償請求訴訟を提起しており、米兵を被告とする請求については第一審横浜地方裁判所の勝訴判決（二〇〇九年五月二〇日判決）が確定している。国を被告とする請求は棄却され、本稿入稿時点において東京高等裁判所に係属中である。この裁判において、原告側は、米海軍上司らの米兵に対する監督責任を追及している（淡路剛久「米軍人の事実的不法行為と国の責任について」『法律時報』二〇〇九年一一月号六二頁）。

二〇〇八年三月一九日、横須賀市汐入町の路上に停車中のタクシー車内で、巡洋艦カウペンス乗組員（米海軍軍人）が運転手を包丁で刺して殺害し、タクシー料金約一万九〇〇〇円の支払いを免れるという強盗殺人事件が起きた。横浜地方裁判所は、同年七月三〇日、この米兵に対し無期懲役の判決を言い渡した。川口政明裁判長は「脱走兵による事件として、横須賀などの基地周辺住民はもとより国民一般にも大きな衝撃を与え、社会的影響は甚大」と指摘したと報道されている（二〇〇九年七月三一日付『朝日新聞』）。この強盗殺人事件を受けて、在日米海軍は、ＣＡＲＥ（ケア）プログラム（暴力に対する反省と教育プログラム）を導入した。

●米軍の対応

米兵犯罪が起きる度に、米軍当局は、綱紀粛正と再発防止を誓うものの、米兵犯罪は根絶されない。米軍当局は、米兵による重大事件が起きると、「反省の期間」なるものを設定して、軍人・軍属らに対し外出禁止を命じるものの、これを短期間のうちに解除する。すなわち、事件が起きた後に、うわべだけの反省を日本国民に向けてアピールするだけである。

前記横須賀における二〇〇六年一月三日の強盗殺人事件を受けて、在日米海軍は、同月五日から八日までの四日間を「反省の期間」として、軍人・軍属対し夜間外出禁止の命令を出した。しかし、反省の期間が明けた同月一八日午前〇時半過ぎ、酒に酔った米海軍軍人が、横須賀市内の中学校に侵入したという建造物侵入の疑いで現行犯逮捕されたのをはじめ（二〇〇六年一月一九日付『毎日新聞』）、米兵犯罪の発生が止むことはなく、「反省の期間」設定の実効性がないことを米海軍が自ら証明している。

この強盗殺人事件を受けて、第七艦隊司令官ジョナサン・Ｗ・グリナート海軍中将と在日米海軍司令官ジェームズ・Ｄ・ケリー海軍少将は、連名で、同月一八日、日本の国民の皆様宛の公開書簡なるものを発表しているが、この公開書簡は「この悲しい事件をきっかけに日米の関係と同盟がより一層強化されることを願ってやみません」との一文で結ばれている。ここには、日本の一般市民の生命よりも日米同盟を重視している米軍司令官らの本音が表れている。

この強盗殺人事件を起こした米兵は、空母キティホークの兵士約五〇人が、同年二月一〇日、横須賀市の繁華街「どぶ板通り」などのごみ拾いをして（同月一一日付『毎日新聞』）、在日米海軍は「良き隣人」ぶりをアピールした。しかし、その後も、同月一九日、空母キティホークの乗組員がタクシーの無賃乗車をしたとして詐欺の疑いで緊急逮捕され（同月二〇日付『毎日新聞』）、同年六月三日、空母キティホークの乗組員が公務執行妨害と器物損壊の疑いで現行犯逮捕され（同月五日付『神奈川新聞』）、同年一二月一〇日、空母キティホークの乗組員が飲酒代を支払わずに逃げ、追いかけてきた店長に暴行を加えてけがを負わせたという強盗傷害の疑いで現行犯逮捕された（同月一二日付『毎日新聞』）。

このような事件発生のたびに、在日米海軍は、神奈川県基地関係県市連絡協議会（会員──神奈川県、横浜市、横須賀市、相模原市、藤沢市、逗子市、大和市、海老名市、座間市、綾瀬市）から再発防止を強く要請されており、在日米海軍が空母キティホークの乗組員を動員したイメージアップ作戦が水泡に帰している。在日米軍と日本政府が一体となって行っている「良き隣人政策」の内容とその欺瞞性については、吉田健正『「軍事植民地」沖縄』（高文研）一三〇頁以下をご参照いただきたい。

2　米兵犯罪の背景

●米軍軍人・軍属に対する刑事手続の仕組みと刑務所での優遇

米軍軍人・軍属に対する刑事手続については、大まかに言うと、公務執行中の行為によるものか否かによって異なってくる（日米地位協定第一七条第三項（a）（b）参照）。一般的には、米軍軍人・軍属の罪が公務執行中の行為による場合は、アメリカ合衆国側が軍人・軍属に対する第一次裁判権を有することになり、公務執行外の行為による場合には、日本国側が第一次裁判権を有することになるはずである。

こうした日米地位協定の規定にもかかわらず、非公式合意により、日本国側が米軍軍人・軍属を処罰しない方向での運用がなされている。「公務」の幅を広げることによってアメリカ合衆国側が第一次裁判権を有するようにしたり、①不起訴、②アメリカ合衆国側の犯罪捜査、③起訴の意思を通知する期間の経過、④既に起訴された事件の裁判権放棄により、日本国側が第一次裁判権を行使しないようにしている（デール・ソネンバーグ『日本駐留外国軍隊に関する諸協定』三八八頁）。

「合衆国軍隊の構成員又は軍属の公務の範囲」（昭和三一年四月一一日／刑事第八〇二六号）と題する通達によれば、「公務」には、宿舎又は住居から勤務場所への往復行為を含むとされている（公の催事において飲酒した場合を含む）。二〇一〇年九月七日、米軍岩国基地所属の軍属が、岩国市内の市道おいて、乗用車で岩国市民をはねて死亡させるという事件が発生したが、山口地方検察庁岩国支部は、この軍属を不起訴処分とした。米軍側はこの軍属が出勤途中であったとしており、この通達に基づいて、日本国の第一次裁判権なしとして不起訴処分とされたものと思われる。

「行政協定第一七条の改正について」（昭和二八年一〇月七日／刑事第二七六九五号）と題する通達の中で、「第一次の裁判権の行使については、日本国に駐留する合衆国軍隊の地位並びに外国軍隊に対する刑事裁判権の行使に関する国際先例にかんがみその運用上極めて慎重な考慮を払わなければならないものと思慮する。この趣旨により前記のように合衆国軍隊の構成員、軍属又は合衆国の軍法に服するそれらの家族の犯した犯罪に係る事件につき起訴又は起訴猶予の処分をする場合には、原則として法務大臣の指揮を受けることとしたのであるが、さしあたり、日本側において諸般の事情を勘案し実質的に重要であると認める事件についてのみ右の第一次の裁判権を行使するのが適当である」とされている（傍点は筆者）。

二〇〇六年九月一七日、タクシー運転手の田畑巌さんは、横浜市において、タクシー代金を支払わずに逃げようとした米海軍軍人らを追いかけ、代金の支払いを求めたところ、米海軍軍人から顔面を殴られ、別の米海軍軍人から投げ飛ばされた。警察官は、田畑さんに対し、「アメリカでは体に触れた場合には、相手を投げても犯罪にならない」などという説明をして、田畑さんを投げ飛ばした米海軍軍人について被害届を出させないようにした。検察官は、田畑さんに対し、被疑者を特定できないから起訴できないなどと述べたり、示談を勧めるなどした。

日本の捜査機関がこのように米軍軍人による事件をもみ消そうとしたのも、非公式合意により日本側による米軍軍人・軍属等の処罰をできるだけ抑制する仕組みが長年にわたり維持され続けていることとによると思われる。なお、田畑さんが、代理人の弁護士を通じて、検察庁に対し厳正な捜査と厳重な処罰を申し入れたところ、田畑さんの顔面を殴った米海軍軍人についてのみ傷害罪で起訴され、この米海軍軍人は横浜地方裁判所において懲役一年二月の実刑判決を受けている。

こうした米軍軍人・軍属等の処罰をできるだけ抑制する仕組みの根幹部分には、国際問題研究者の新原昭治氏が発見した、いわゆる刑事裁判権放棄の日米密約（一九五三年一〇月二八日付日米合同委員会裁判権分科委員会刑事部会の日本側部会長津田實の声明「日本の当局は通常、……日本にとって著しく重要と考えられる事件以外については、第一次裁判権を行使するつもりがないと述べることができる」）があると思われる。刑事裁判権放棄の日米密約の問題については、日本平和委員会パンフ『いまの日本は米兵犯罪を裁けない!?』、吉田敏浩『密約——日米地位協定と米兵犯罪』（毎日新聞社）、布施祐仁『日米密約——裁かれない米兵犯罪』（岩波書店）をご参照いただきたい。

●刑務所での米軍軍人の優遇

米軍軍人等が日本の裁判所で実刑判決を受けた場合であっても、日本の刑務所で服役する米軍軍人等が特別に優遇されていることも看過できない問題である。照屋寛徳衆議院議員提出の米兵受刑者の処遇に関する質問に対する平成一八年（二〇〇六年）六月一六日付内閣答弁書によれば、原則として男子の米軍関係受刑者が収容される横須賀刑務所においては、①日本人受刑者については、入浴させない平日に、必要に応じてシャワーを使用させているのに対し、米軍関係受刑者については、土曜日や休日を含めて毎日、シャワーを使用させている、②食事の献立には、米軍関係受刑者につき、いわゆる肉類やデザート類が含まれる回数が日本人受刑者より多い、③米軍関係受刑者に対する「補助食料」が、米軍から横須賀刑務所に対し、現物による提供が行われている、などの取り扱いがなされており、このような取扱いは、刑事裁判管轄権に関する事項についての日米合同委員会合意において、日本国の当局が、米軍の構成員、軍属又はそれらの身柄を拘束した場合には、日米両国間の習慣等の相違に適当な考慮を払うものとされていることを踏まえて行われているとのことである。日本国民、特に米軍軍人等の犯罪被害者は、米軍関係者が、日本の刑務所に入っても特別に優遇されていることについて納得ができるはずがない。

なお、筆者は、民事裁判の本人尋問・証人尋問において、二人の米兵の受刑者を目の前で見る機会があったが、いずれも受刑者と思えないくらい顔の血色・肌の艶が良かったことが印象に残っている。そのうちの一人の米兵は、刑務所の食事とかシャワーの使用について不満があるかと問われ、「申し分ないです。いい設備だと思いますので、特にありません」と答えている。

米軍軍人等に対する刑事処罰を日本側が自ら抑制したり、日本刑務所における特別扱いが、米軍基地外での米兵の規範意識の低下に結びついていることが考えられる。

●軍隊の本質

元米海兵隊員で、沖縄のキャンプ・ハンセンにも駐留していたアレン・ネルソン氏は、著書『戦場で心が壊れて――元海兵隊員の証言』（新日本出版社、一三六頁以下）で次のように述べている。「タクシーに乗ったり、女性と遊んだりしたとき、料金を請求されても払わず、相手を殴りつけるようなこともしばしばでした。街でどんな悪行をはたらいても、基地のゲートをくぐってしまえば、私たちは逮捕されることはなかったのです。」「昔もいまも、日本に駐留している米軍兵士の犯罪が減らないのは、人を殺すための集団という本質があるからだと思うのです。」

兵士は、敵と戦い、人を殺すことを厭わないための訓練をされている。こうした軍隊の本質が一般市民に対する犯罪と密接な関係にあることは、前述した米兵犯罪の暴力的犯行態様からみても明らかになっている。

また、米兵犯罪は、米兵が飲酒の上で犯行に及んでいるものが多い。在日米海軍司令官ジェームズ・D・ケリー海軍少将は、「アルコールの濫用が、ほとんどの不祥事の原因となっています」と述べている（二〇〇六年一月一九日付 NAVY NEWS RELEASE）。軍隊での厳しい訓練や個性を剥奪された生活による軍人のストレスを発散させることも、軍隊の運用上、必要不可欠なものとなっている。だからといって、米兵のストレス発散の矛先が無防備な日本の市民に向けられることは断じて許すべきではない。

おわりに

米軍基地をなくすことにより、米兵犯罪をなくすことができる。そうは言うものの、米軍基地が現にある以上、米軍基地の外に出て日本の市民社会に入り込んでくる米兵をいかにコントロールするかという視点が重要となってくる。警察は、米軍基地のための警備よりも、基地の外に出てくる米兵から日本の市民の生命・身体等の安全を守ることに重点を置くべきであろう。新垣勉弁護士（沖縄弁護士会）が「米軍に基地外への自由な出入りを許し、沖縄に基地を集中させる現状を追認する限り、実行力のある犯罪防止策など出てこない」と述べているように（前泊博盛『もっと知りたい！　本当の沖縄』岩波ブックレット七二三号、八〇頁）、これまでの日本政府の対応をみても、日本の市民の側に立って基地外に出てくる米兵をいかにコントロールするべきかという視点が欠如していることは確かであり、こうした状況の下では、日本における米兵犯罪は根絶されないであろう。

参考文献として、文中にあげたものの他、新垣勉・海老原大祐・村上有慶『日米地位協定――基地被害者からの告発』（岩波ブックレット、五五四号）を参照。

第Ⅲ部　日米安保の五〇年

14 米国の世界戦略と日米安保体制の歴史

島川　雅史

●東西「冷戦」と日米安保体制

数年前に、アメリカ学会の冷戦史分科会で、「冷戦」という言葉はおかしいのではないか、「熱戦」がなかったような印象になるが、実際には戦後史の中には「熱戦」が数多くあったではないか、「冷戦」という言葉は使うべきではない、という問題提起がされたことがあります。皆さんもっともだという様子でしたが、その時の議論としては、「冷戦期」とか、すでに言葉が定着してしまっているので、慣用表現として用いるのは仕方がないが、そこに含まれている問題点には留意すべきである、というあたりに落ち着きました。米ソ間は直接対決せず「冷戦」状態であったが、その米ソはそれぞれに各地で「熱戦」や軍事干渉をくりひろげていた、ということです。

この「冷戦期」に最も精力的に「熱戦」を戦ったアメリカだけをとっても、朝鮮戦争・ベトナム戦争・湾岸戦争という、五〇万人規模で兵力を投入した大戦争があったわけです。そのすべてが、東西対決の正面と考えられていたヨーロッパではなく、アジア・太平洋地域で行なわれた戦争でした。「冷戦後」も、いま、アフガニスタン戦争とイラク戦争が行なわれています。そして、その合計四回の大戦争のすべてに、在日米軍と在日米軍基地、日本政府の態度が重要な役割を果たしました。以下、アメリカの戦争と、それを支えた日米安保体制の半世紀について、要点を析出してみたいと思います。

1　冷戦の中の熱戦

●朝鮮戦争――日米安保体制の原型

一九五〇年四月、朝鮮戦争開戦の前に決定された、トルーマン大統領の国家安全保障会議（NSC）文書「NSC―68」が冷戦開始の宣言であったと言われますが、それ以前から米ソの対立は高まっていました。東西対立の下で戦われた最初の大熱戦が朝鮮戦争でした。これは、米ソが直接の軍事対決はしないという暗黙の了解の下で行なわれたので、「限定戦争」とも「代理戦争」とも言われます（ソ連空軍は秘密裏に参戦していました）。要するに、朝鮮半島での「陣取り合戦」のために、米ソとも第三次世界大戦をする価値はないと考えた、ということです。

朝鮮戦争の場合、日本はアメリカの占領下にありましたから、日本列島は米軍の後方支援基地として、また出撃前進基地としての役割をフルに果たしました。米韓軍が釜山地区に追い詰められた時期など、米軍航空部隊は日本に撤退して、板付基地（現福岡空港）などから戦闘爆撃機がどんどん飛び立って、「共産軍」に対する空爆に向かっていたわけです。また、兵站基地として日本は重要な役割を果たしました。アメリカ軍は、兵器や艦船の修理などを含め兵站業務の全般について、工業国である日本の支援がなければ朝鮮戦争を戦えなかったと総括しています。

この時の経験が、日米安保体制の原型となるわけですが、最大のポイントは、「米軍基地の自由使用」でした。そして、米軍を補完するものとしての、日本の再軍備でした。米軍補完部隊としての日本軍の復活は、時代が下るにつれて日米軍事同盟における比重が増していきますが、アメリカが一貫して最も重視しているのは、米軍の前進配備（Forward Deployment）の維持と基地の自由使用です。そこから、日本の再独立の際に、沖縄を切り離して一〇〇%自由に使う、ということも出てきます。

●ベトナム戦争——在日米軍の出動と事前協議の無化

第一次インドシナ戦争（一九四六—五四年）で戦争は終わったはずでしたが、アメリカがフランスにかわって介入して、一九六〇年に第二次インドシナ戦争であるベトナム戦争が始まります。これも、戦域をインドシナ半島に限った、「限定戦争」でした。米政府、すなわちマクナマラ国防長官（ベトナム戦争は「マクナマラの戦争」と呼ばれた）の意図は、インドシナ半島自体の陣取り合戦ではなく、主に中国を意識して、アメリカが勢力範囲を譲ることはないという、「意志表示」をするためでした。ひとつ譲ればアジア諸国はドミノ倒しになるという例えから、「ドミノ理論」とも呼ばれます。これも、米ソどちらも直接対決・第三次大戦まではやるつもりがない、という戦いです。

この場合も、日本は出撃前進基地と後方支援基地の役割を果たしました。ベトナム戦争が本格的にアメリカの戦争になるのは、一九六五年の南ベトナムのダナンへの海兵隊の上陸からとされますが、その海兵隊は沖縄から出動した部隊でした。ベトナムは一九七五年に北ベトナムによって統一されますが、そのサイゴン陥落の時に米大使館などの撤退作戦に急遽駆けつけたのは、横須賀を母港とするようになった、空母ミッドウェーでした。始めと終わりに在日米軍の部隊が駆けつけているわけで、前進配備戦力としての日本駐屯軍の意味を象徴しています。改定日米安保条約では、日本の基地からの戦闘出撃は事前協議の対象になるはずですが、例えば第七艦隊は、横須賀・佐世保からベトナムに出撃する時に、フィリピン基地に向けての「移動」だとか、日本の領海外に出たところで進撃命令を受けたということにして、基地の「自由使用」を可能にしました。

一九六八年に、在日米海軍の情報収集艦プエブロが北朝鮮に拿捕されるという事件が起こります。この時、在日米空軍の第五空軍司令官は、プエブロを奪還するために一度は出動命令を出しますが、戦闘機がみなベトナムへ出払っていて可動機が少なく、北朝鮮空軍機に対抗できないということで、直後に命令を取り消します。そのため、あとで空軍参謀総長は、プエブロの拿捕を阻止できなかったとして、大統領から叱責されます。出動していれば、米軍と北朝鮮軍の戦闘になったはずの出来事でした。戦闘が起これば、それは第二次朝鮮戦争に拡大したかもしれません。

日米安保があったから日本は平和に過ごせたという人がいますが、私は例えばこの例からも、日米安保があったのに日本が戦争に巻き込まれなかったのは幸運だったと思っています。六八年に私は高校三年生でしたが、こんなことだったなど全く知りませんでした。これは、NSCの秘密解禁文書からわかったことです。

●湾岸戦争——秘密解禁文書の語る「石油」

湾岸戦争（一九九一年）についても、トップ・シークレットのNSC文書が秘密解禁されていて、

図６　米国の湾岸油田地帯に関する基本政策

UNCLASSIFIED　　UNCLASSIFIED　　20819

THE WHITE HOUSE

WASHINGTON

October 2, 1989

NATIONAL SECURITY DIRECTIVE 26

MEMORANDUM FOR THE VICE PRESIDENT
THE SECRETARY OF STATE
THE SECRETARY OF THE TREASURY
THE SECRETARY OF DEFENSE
THE ATTORNEY GENERAL
THE SECRETARY OF ENERGY
THE DIRECTOR OF THE OFFICE OF MANAGEMENT AND BUDGET
THE ASSISTANT TO THE PRESIDENT FOR NATIONAL SECURITY AFFAIRS
THE DIRECTOR OF CENTRAL INTELLIGENCE
THE CHAIRMAN OF THE JOINT CHIEFS OF STAFF
THE DIRECTOR, UNITED STATES ARMS CONTROL AND DISARMAMENT AGENCY
THE DIRECTOR, UNITED STATES INFORMATION AGENCY

SUBJECT: U.S. Policy Toward the Persian Gulf (U)

Access to Persian Gulf oil and the security of key friendly states in the area are vital to U.S. national security. The United States remains committed to defend its vital interests in the region, if necessary and appropriate through the use of U.S. military force, against the Soviet Union or any other regional power with interests inimical to our own. The United States also remains committed to support the individual and collective self-defense of friendly countries in the area to enable them to play a more active role in their own defense and thereby reduce the necessity for unilateral U.S. military intervention. The United States also will encourage the effective support and participation of our western allies and Japan to promote our mutual interests in the Persian Gulf region. (U)

ＮＳＤ-26（1989年10月２日付）

SUBJECT: U.S. Policy in Response to the Iraqi Invasion of Kuwait (C)

U.S. Interests

U.S. interests in the Persian Gulf are vital to the national security. These interests include access to oil and the security and stability of key friendly states in the region. The United States will defend its vital interests in the area, through the use of U.S. military force if necessary and appropriate, against any power with interests inimical to our own. The United States also will support the individual and collective self-defense of friendly countries in the area to enable them to play a more active role in their own defense. The United States will encourage the effective expressions of support and the participation of our allies and other friendly states to promote our mutual interests in the Persian Gulf region. (S)

11-22-96

ＮＳＤ-45（1990年８月20日付）

SUBJECT: Responding to Iraqi Aggression in the Gulf (U)

1. Access to Persian Gulf oil and the security of key friendly states in the area are vital to U.S. national security. Consistent with NSD 26 of October 2, 1989, and NSD 45 of August 20, 1990, and as a matter of long-standing policy, the United States remains committed to defending its vital interests in the region, if necessary through the use of military force, against any power with interests inimical to our own. Iraq, by virtue of its unprovoked invasion of Kuwait on August 2, 1990, and its subsequent brutal occupation, is clearly a power with interests inimical to our own. Economic sanctions mandated by UN Security Council Resolution 661 have had a measurable impact upon Iraq's economy but have not accomplished the intended objective of ending Iraq's occupation of Kuwait. There is no persuasive evidence that they will do so in a timely manner. Moreover, prolonging the current situation would be detrimental to the United States in that it would increase the costs of eventual military action, threaten the political cohesion of the coalition of countries arrayed against Iraq, allow for continued brutalization of the Kuwaiti people and destruction of their country, and cause added damage to the U.S. and world economies. This directive sets forth guidelines for the defense of vital U.S. interests in the face of unacceptable Iraqi aggression and its consequences. (S)

ＮＳＤ-54（1991年1月15日付）

米国の戦争目的がはっきりわかります。「国家安全保障指令（ＮＳＤ）」は、大統領の最終決定を示す文書ですが、ブッシュ（父）大統領の中東産油地域をめぐるＮＳＤには、26号（一九八九年一〇月）、45号（一九九〇年八月）、54号（一九九一年一月）、と特徴的なものが三本あります。それぞれ、イラクがアメリカの友好国であった時代、イラクがクウェートに侵攻した直後、湾岸戦争直前、という時期に出されたものです。国際政治的環境は全く異なっているのですが、三つのＮＳＤに記されている米国の湾岸産油地帯に関する基本政策を述べた部分は、ほぼ同文になっています（図６）。「ペルシャ湾岸に向けての米国の政策」と題されたＮＳＤ―26では、冒頭で次のように述べています。

「ペルシャ湾岸の石油にアクセスすることと当該地域の主要な友好国の安全は、米国の国家安全保障にとって死活的に重要である。（Access to Persian gulf oil and the security of key friendly states in the area are vital to U.S. national security.）」

この一文が、すべてを語っています。「石油にアクセスすること」と「友好国の安全」は内容的には同じことで、アメリカは産油地域の石油利権を何としても護ると宣言しているわけです。そして、必要であれば、相手が「ソ連」、その他いかなる地域勢力であろうとも、軍事力を行使すると断言しています。ここでソ連を名指ししていることに、注目してほしいと思います。この頃のソ連は力を弱めていたとはいえ、まだゴルバチョフ書記長が元気に改革を主張していた頃です。それでも、核超大国ソ連との軍事的直接対決を辞さないと言っているわけです。つまり、「死活的」な権益を護るためには文字通り生命を賭ける、第三次大戦になってもかまわない、ということです。

そこが、朝鮮半島やインドシナ半島の場合とは、決定的に異なります。また、アメリカの単独軍事介入は避けたいので、湾岸友好諸国の防衛力を高め、「共通の利益」に基づく、西欧同盟国や日本の「実質的な」参加や協力を期待する、と書いています。

フセイン政権のイラクは、アメリカの「天敵」化した「ホメイニ革命」のイランに敵対している限りは友好国でしたが、親米産油国のクウェートに侵攻したとたんに、許しがたい敵国となりました。イスラム革命が起こる前のイランのパーレビ政権はアメリカの湾岸における拠点でしたし、敵味方は情勢や時期によって異なります。しかし、変わらないことは、NSD－54が言うように、米国の「長期間にわたって確立されている政策」として、「いかなる勢力」が相手でも、軍事力を投入して「死活的に重要な利益を護る」ことでした。フセイン政権は、アメリカの虎の尾を踏んだわけです。

湾岸戦争には、第七艦隊、第五空軍、沖縄海兵隊など、在日米軍の部隊が大挙して出動しました。

この時も、事前協議条項など無視されました。さらに日本は、アメリカの期待に応えて、軍資金や周辺国への経済援助など「実質的な」、つまり意味のある参画をしました。古来より、戦争は軍資金なしで行なえるものではありません。財政的に逼迫していた当時の米国にとって、総計一三五億ドルにのぼる日本の資金拠出は、自衛隊の名目的参戦などよりもっと「実質的」に意味のある参画、対米貢献だったわけです。日本では、人を出さなかったので米国や世界の不評を買ったということが言われましたが、とんでもありません。アメリカ政府は日本の「実質的貢献」を高く評価しており、大統領は感謝声明も出しています。兵隊と兵器だけでは戦争ができないことを、一番よくわかっていたのはアメリカ政府でした。

●アフガニスタン侵攻とイラク侵攻――「第二次湾岸戦争」と自衛隊の参戦

湾岸戦争後も、米英はイラクの南北に「飛行禁止空域」を設定し、対空レーダーの作動などを敵対行為として、イラクに対する断続的な空爆を続けていました。この「サザン・ウォッチ」「ノーザン・ウォッチ」両作戦には、三沢のF16戦闘機部隊や、横須賀の空母部隊などが参加しています。厳しい経済制裁も行ないました。しかし、米政府が期待した、フセイン政権が倒れるということは起こりませんでした。むしろ、仏・独・ソ連などに接近して、力を盛り返しているようでした。

そして二〇〇一年に9・11事件が起こると、ブッシュ（子）政権は報復戦争としてのアフガニスタン侵攻を行ない、引き続いて、9・11事件には関係がないのに、大量破壊兵器だの核武装計画だのと信頼性のない情報を押し立てて、二〇〇三年三月にイラク侵攻に踏み出します。イラク戦争は、いわばブッシュ（父）政権の成し遂げられなかった事業をブッシュ（子）政権が継承した企て、第二次湾岸戦争としてとらえると、その歴史的な意味がはっきりすると思います。ブッシュ（子）政権も、米国の歴代政権によって「長期間にわたって確立されている政策」に則っているわけです。ただし、父親も、父親の政権の「家老」だった者たちの多くもイラク戦争には反対だったと言われているように、その「レジーム・チェンジ」、つまり親米産油国を作り出すというやり方は、極めて粗暴・粗雑なものでした。

この時も、在日米軍は、海軍・空軍・海兵隊の部隊が参戦しています。特に海兵隊の陸上部隊は、フセイン政権の消滅後に始まった泥沼のゲリラ戦に投入されて、多くの損害を出しています。また日本としても、アフガニスタン戦争への海上自衛隊の連合軍「ガソリンスタンド」としての参加に始まり、イラク占領戦争では陸上自衛隊と航空自衛隊が参加して、三自衛隊がともに戦闘地域に出動するという、自衛隊史の画期を作りました。

三自衛隊は同一の戦域で行動したのですが、相互に指揮系統の関係はなく、陸海空の米軍司令官の指揮系統にそれぞれ組み込まれたもので、「冷戦後」の安保再定義以来の、「日米同盟軍としての共同行動」を実践したものでした。日本政府が言っていた、「非戦闘地域での独自人道支援活動」などは、戦場では机上の空論に過ぎません。お決まりの資金提供も、湾岸戦争にくらべて目立たない形ですが、アメリカ国債の大量購入という手段で、対米貢献を為しています。

2　軍事基地と戦争──政治は軍事に優越する

イラク戦争の場合を例に、在日米軍基地の「自由使用」との関連で申し上げておきたいことがあります。米国の無体な戦争発起に対して、世界の世論の大勢は反対でした。日本は、米国の侵攻を積極的に支持した少数派の一つでした。

ベルギーは、国内にNATO司令部がありながらこの戦争に反対し、米軍の領土・領空の通過を拒否しました。ベルギー自体に大きな米軍基地があるわけではなく、小国ですので米軍は迂回すれば済み、実質的な影響はなかったのですが、アピールとしては刺激的なものでした。

湾岸戦争の時に米軍の集結と領土内からのイラク侵攻を認めたサウジアラビアは、今回は領土内の米軍基地を使うことを断りました。これは大きな影響がありました。湾岸戦争の時とは異なって、米軍は広範な西側国境地帯からイラクを衝くことができず、南北からの侵攻作戦計画を立てざるを得ませんでした。

しかしまた、トルコ議会も米軍地上部隊の進撃発起を拒否したため、北部からの侵攻もできなくなりました。北部侵攻軍として予定されていた米陸軍第四師団は、地中海トルコ沖で乗船したまま、開戦に参加できず遊兵となってしまいました。第四師団を乗せた船団は長距離を迂回してクウェートに回り、戦争に参加できたのは、ブッシュ大統領の言う「大規模戦闘」が終わりかけた頃でした。

その結果、南部からの侵攻軍として用意していた陸軍第三師団と第一海兵遠征軍だけで、唯一可能であったクウェートの基地から発進してバグダッドへ北上するという戦略を取らざるを得なくなりました。それも、軍事占領に不可欠な面の制圧ではなく、点と線を結んだ直進でした。当時私は、機甲部隊が高速道路をバグダッドへ驀進しているCNNの映像を、無謀なことをすると思いながら見ていました。二〇〇五年にラムズフェルド国防長官は、イラク戦争の不首尾について、開戦時の兵力が過少であったために占領地の掃討ができなかった、「イラクでの苦戦はトルコのせい」だと、責任をトルコに転嫁しています。もともと、ラムズフェルド長官は、安上がりの戦争を狙って軍部の兵力要求を半減させたと言われており、予備軍もなかったのはトルコのせいではありません。

米陸軍第四師団は、米軍の中でも最強とされるハイテク重機甲師団です。世界中の陸軍で、攻撃へリを伴い空軍や軍事衛星その他に支援された、この師団の空地協同の突進を防ぐことができる部隊はないでしょう。しかし、トルコ議会は一片の決議で、この師団の突撃を阻止しました。当時、トルコ政府は、経済援助など好条件を獲得した後に米軍の進撃を認めるつもりであったと言われています。米国もそのつもりで、第四師団を海上待機させたわけです。議会も、これを許可することが予想されており、否決は驚きをもって世界に伝えられました。この議会の決定の背景として、イスタンブールやアンカラなど国内各地で数千・数万の規模で行なわれていた反戦デモが、議員たちの態度決定に影響したと言われています。

これが、アメリカが在日米軍基地の「自由使用」にこだわる理由です。また、サウジアラビアやトルコのように米軍の基地使用を阻止しようと思えば阻止することもできるわけですから、アメリカの戦争に基地の使用を認めるということは、その戦争を肯定して参画しているということになります。

軍事は外交の一手段です。そして、外交は政治の手段です。トルコの例は、世界最強の第四師団でもも一片の決議には勝てない、政治は軍事に勝てるということを示しています。

参考文献

島川雅史『[増補]アメリカの戦争と日米安保体制――在日米軍と日本の役割』社会評論社、二〇〇三年[二〇一一年一月第三版刊行予定。外務省密約関連解禁文書問題とイラク戦争・イギリス審問会などについて増補]。

島川雅史『[増補]アメリカ東アジア軍事戦略と日米安保体制(付・国防総省第四次東アジア戦略報告／日米同盟――未来へ向けての再編成と再調整)』社会評論社、二〇〇六年。

藤本博・島川雅史編『アメリカの戦争と在日米軍――日米安保体制の歴史』社会評論社、二〇〇三年。

島川雅史「ブッシュ政権と『侵攻』の論理――湾岸戦争・アフガニスタン侵攻・イラク侵攻」、『アフガニスタン国際戦犯民衆法廷公聴会記録』第九集、アフガニスタン国際戦犯民衆法廷実行委員会、二〇〇三年。

島川雅史「イラク戦争とアメリカの論理」『国連・憲法問題研究会連続講座報告』第三一集、国連・憲法問題研究会、二〇〇三年。

島川雅史「日米安保の再定義から自衛隊のイラク派遣へ」、日本アメリカ学会編『原典アメリカ史』第九巻 岩波書店、二〇〇六年。

島川雅史「イラク占領と『歴史の教訓』――『日本占領』の再現か『第二のベトナム』か」、日本アメリカ史学会『アメリカ史研究』第二九号、二〇〇六年。

島川雅史「覇権国家アメリカと民主主義のグローバリズム――『マニフェスト・ディスティニー』と『十字軍』の論理」、杉田米行編『アメリカ〈帝国〉の失われた覇権』三和書籍、二〇〇七年。

15 アジアにおける冷戦構造と軍事同盟
――フィリピン、中国の視点から――

笹本　潤

1　アジアの軍事同盟

東アジアにおけるアメリカの軍事同盟は、主にアメリカと日本、韓国、フィリピンの三つの軍事同盟から成り立っている。アメリカとヨーロッパの間の軍事同盟＝北大西洋条約機構（ＮＡＴＯ）が集団的に締結されているのと異なり、東アジアにおいては二国間の軍事同盟になっているところが特徴である。

そして三つの軍事同盟ともアジアにおいて中国、北朝鮮などの「東側」の敵を想定しているので、東アジアにある冷戦構造も、これら三つのアメリカとの軍事同盟によって支えられている。尖閣諸島の問題は領土問題であるが、アメリカが日米安保条約の射程の範囲内と言った時から、「東対西」の冷戦構造の問題に発展していく。ヨーロッパにおける冷戦の終結が、東アジアにおいては終結しておらず、冷戦構造として残っているのである。

北朝鮮のミサイル発射、核開発問題、中国の尖閣諸島での衝突事件、韓国の哨戒鑑沈没事件、北朝鮮による砲撃事件など軍事的緊張が高まる背景には、日本海や東シナ海で行われている米軍の合同軍事演習や日本や韓国にある米軍基地の存在がある。そしてそのような体制を基礎づけているものが、三つの軍事同盟の存在である。従って、三つの軍事同盟の存在は、冷戦構造の原因であり、軍事的緊張を高める諸事件の根本的な原因でもある。

東アジアにおいてこのような冷戦構造が続いていることは、他の面から見ると、東アジアにおいては、軍事同盟に替わる、対話による合意作りをするシステムが非常に遅れていることをも意味している。

●フィリピンにおける米軍基地撤去と軍事同盟

フィリピンでは、一九九二年に米軍基地を撤去させることができたが、フィリピンの場合、基地に関する協定と、集団的自衛権を定める軍事同盟条約が別々なため、現在でもフィリピン軍と米軍の合同軍事演習が行われている。日米安保条約の場合は、五条でアメリカの集団的自衛義務が定められ、六条で米軍基地の設置条項が定められているので、一つの条約の中に集団的自衛と基地設置の両方の規定が定められている。

まずは、フィリピンから米軍基地を撤去した経験を振り返ってみよう。フィリピンに米軍基地の設置が決められたのは、第二次世界大戦の末期に遡る。アメリカが、当時のフィリピンの亡命政府に、フィリピンの独立を認める代わりに、戦後に米軍基地をつくることを約束させたところから始まる。アメリカが日本軍を追い出す代わりに、戦前植民地支配していたアメリカが第二次世界大戦後、再びフィリピンを半占領状態に置くのである。

一九四七年三月一四日に締結された米比軍事基地協定ではクラーク米空軍基地とスービック米海軍基地について九九年間の使用権が認められた。その後一九六六年の改定により存続期間が一九九一年まで短縮されることになった。フィリピンの米軍基地は、アジア全土を射程に入れることができ、アメリカにとってアジア支配のための要所の基地だった。しかし、米軍基地があるところでは、必ず米軍人による犯罪が起こる。その点は沖縄もフィリピンも同じである。米軍基地に反対する運動、米軍人による被害を告発する運動が起こっていた。

そういう中で、基地撤去に向けて最大の転機になったのは、マルコス政権の崩壊だった。一九八六年の大統領選では、マルコス大統領が、汚職や戒厳令などの強権政治を理由に退陣を余儀なくされ、コラソン・アキノ大統領が誕生する。アキノ大統領は、米軍基地撤去を大統領選の公約にして当選した。ピープル・パワーも盛り上がり、すっかり米軍基地の撤去の流れになったかに見えた。

しかし、アキノ大統領は当選後に、基地容認にひるがえる。日本でも政権交代を果たした民主党の鳩山前首相が、普天間基地の県外・国外移転という選挙公約を投げ捨てて、二〇一〇年五月にアメリカと新基地の合意をしたことがそれと似ている。

そのため一九八七年にできた新憲法の中には、外国軍基地の撤去を直接定める規定は存在しなかった。ただ、新憲法一八条二五項の経過規定で、外国軍基地の存続を上院の決議に委ねるという形で、米軍基地撤去へ手続的な足がかりを憲法に明記することができた。

当選後のアキノ大統領は、当選前とうって変わって、基地存続のための集会を呼びかけるようになる。さらに基地存続の可否を審議をする上院も、当初は基地存続派が多数だった。

しかし、ピープル・パワーは負けていなかった。最初は小さい集会だったのが、日が経つに連れて一万人の集会だったのが、最後には五万人の集会になるように徐々に大きくなっていった。

一九九一年六月には、米軍基地の近くのピナツボ火山が爆発し、クラーク、スービック基地に火山灰を積もらせる。このため米軍基地が使えなくなったのもピープル・パワーに味方した。そして一九九一年九月一六日の上院での審議の日を迎える。一人ずつ米軍基地存続の賛否を演説し、採決に入る。一二対一一の僅差で、米軍基地の延長は否決された。翌年、こうして米軍基地は撤去された。

米軍基地撤去の背景には、冷戦が終結し東西の緊張が緩和し始めた時期だったことも影響している。またフィリピンの米軍基地の場合、日本の思いやり予算と違って、アメリカは基地を設置させてもらう代わりにフィリピンに経済援助をするという仕組みだったから、アメリカにとっては基地を維持する財政負担が大きくなっていたという事情もあった。

しかし、国内での政権交代、新憲法成立というダイナミックな動きの中に市民のパワーが発揮され、米軍基地の歴史を動かしたのが一九九〇年代のフィリピンの経験である。この運動が、その後の韓国の民主化や中国の天安門事件、ひいては東欧の民主化にまで影響を与えたと言われている。日本における自民党から民主党への政権交代が本物かどうかはまだわからないが、これからの基地撤去の運動の進展によっては、政権交代をきっかけにした米軍基地撤去の可能性はいまだ残されている。

しかし、基地を撤去されたアメリカは、フィリピンに対する干渉を終わりにしなかった。一九九九年に「米軍訪問協定（ＶＦＡ）」という地位協定が米比間で結ばれた。日米地位協定のような行政協定の一種であるが、これにより、米軍はフィリピンに立ち寄ることができ、フィリピン軍との軍事演習もできるようになった。

特に、二〇〇一年の9・11後の翌年からは「バリカタン」という米比合同軍事演習がミンダナオ島周辺で行われるようになった。「テロとの戦い」を掲げるアメリカが、フィリピン国内のアブサヤフというイスラム過激派に対抗するためというのが軍事演習の名目である。しかし、その実態はアメリカによるアジア支配の一環である。むしろ基地があった時よりも、フィリピン国軍の基地を使用できるから安上がりで米軍の経済負担は軽くなった、という指摘もある。

二〇一〇年一〇月一三日には、米軍基地があったスービック周辺で米比の合同軍事演習が行われた。これには沖縄から米海兵隊も参加している。これは、フィリピンとの間に南沙諸島の領土問題を抱える中国を意識したものであった。

集団的自衛権を定める米比相互援助条約の四条は、「各締約国は、太平洋地域においていずれかの国に対する武力攻撃が、その国自身の平和と安全に対する脅威であると認め、それぞれの憲法上の手続に則り共通の危険に対処すべく行動することを宣言する」と定めており、これはいわゆる集団的自衛権の規定である。この集団的自衛権の規定が、米比合同軍事演習を可能にする米軍訪問協定に法的な正当性を与えているのである。

そして、米軍訪問協定ができてからは、米軍基地があった時よりもかえって米軍人によるレイプ事件などが多くなっている。すぐにアメリカに帰国できる分、かえって犯罪が起こりやすいのである。

こうしてフィリピンにおけるアメリカとの軍事同盟の実態を見てみると、米軍基地は撤去されたものの、中国などとの対立構造が軍事演習により激化し、冷戦構造は一向に解消されていないのである。

●アメリカと韓国の軍事同盟

アメリカはフィリピンとの軍事同盟だけでなく、韓国との間でも米韓相互防衛条約を一九五三年の朝鮮戦争の終結とともに締結した。アメリカは韓国及び朝鮮半島に対する支配を続けていくためにこの条約を締結したのである。

米韓相互防衛条約三条では、「各締約国は、……いずれかの締約国に対する太平洋地域における武力攻撃が、自国の平和および安全を危うくするものであることを認め、自国の憲法上の手続に従って共通の危険に対処するように行動することを宣言する」と集団的自衛権を定めている。同条約の四条では、韓国内で米軍を配備する権利を定めている。

この米韓軍事同盟が、冷戦構造を維持し、発展するものとなっており、最近でも米韓合同軍事演習が行われ、東北アジアにおける軍事的緊張を高める要因になった。二〇一〇年七月二五日には、日本海で米韓合同軍事演習が行われ、横須賀を母港とする原子力空母ジョージ・ワシントンやイージス艦などと韓国軍が参加。そして日本の自衛官も初めてオブザーバー参加した。これは同年三月に起こった哨戒艦沈没事件を受けて、北朝鮮に対する軍事的対応を急ぐものだった。

また、引き続き二〇一〇年一一月二三日の北朝鮮による延坪島（ヨンピョンド）に対する砲撃事件の際にも、その直後の一一月二八日に米韓合同軍事演習が黄海で行われた。これには同じくジョージ・ワシントンやイージス艦が参加した。続いて一二月三日には日米合同軍事演習が日本近海で行われ、今度は韓国軍がオブザーバー参加した。

七月、一一月の米韓軍事演習といい、一二月の日米軍事演習といい、これで名実共に日米韓の三ヵ国軍事演習が成立し、圧倒的な軍事力を誇示した。これらの軍事演習は、北朝鮮のみならず、中国に対しても軍事的な脅威を生じさせ、東アジアに軍事的緊張が走った。まさに冷戦構造の強化は現在進行中なわけである。

2 中国から見た日米安保

もちろん日本とアメリカの日米安保条約もこれら米比、米韓の軍事同盟と同じく、冷戦構造を構成するものである。もともと米比、米韓と同じく、日米安保条約は、朝鮮戦争時に締結された。冷戦の成立と同時に締結されたものであり、日米安保に様々な問題があることは本書の他の部分で十分に論じられているところである。

ここでは、日米安保条約がアジアの中で果たす役割を、中国の視線から見てみようと思う。日米安保条約について、冷戦構造の当事者である中国はどのように見ているのだろうか。冷戦構造の相手方であるアメリカが、日本と軍事同盟を結ぶのだから、中国は日米安保に当然反対するようにも思われるが、日中間の外交の歴史的な経緯もあり、実際は複雑な見方になっている。

●冷戦時代の当初

日米安保条約は、そもそも朝鮮戦争（一九五〇年六月二五日―一九五三年七月二七日休戦）の最中の一九五一年九月八日に締結された。朝鮮戦争は南北朝鮮の戦争だが、その実質的当事者は、中国とアメリカだったので、中国にとっては、日本がアメリカと同盟を結ぶのに反対だった。

一九五二年一〇月には、中国政府の「日本問題に関する決議」で、「アメリカ政府は日本が独立・民主・自由・平和の国となることを欲していない。反対に、アメリカ政府は、日本を極東における侵略の軍事基地にするために、日本の軍国主義者を公然と利用している。これによって、アジア太平洋地域の平和と安全は重大脅威にさらされている」（石川忠雄・中嶋嶺雄・池井優編『戦後資料日中関係』日本評論社）と、日米安保を、アメリカの極東アジア侵略のための基地化と認識していた。

中国共産党の初めての総合的対日政策文書とされる「対日政策と対日活動に関する方針と計画」は、一九五五年三月一日に発表された。

「わが国の対日政策の基本原則は、①米軍が日本から撤退することを主張するとともに、米国が日本に軍事基地を建設することに反対する。②平等互恵の原則に基づいて中日関係を改善し、段階的に外交関係の正常化を実現させる。③日本国民を味方に引き入れ、中日両国の国民の間に友情を打ち立て、また日本国民の現状に同情すること。④日本政府に圧力を加え、米国を孤立させ、日本政府に中国との関係を見直させる。⑤間接的に日本国民の反米と日本の独立、平和、民主を

求める運動に影響を与え、これを支持すること。」（張香山『日中関係の管見と見証——国交正常化三〇年の歩み』三和書籍）

すなわち、中国の主敵はアメリカであって、日本政府がこれに同調させられていると見ていた。一九六〇年に日米安保条約が改定される際には、陳毅中国外相が、「日米安保改定交渉非難声明」（一九五八年一一月一九日）を出した。

「米国のもくろみにしたがえば、日本の武装力は決して自衛のためのものではなく、米国のために基地を守り、米国の侵略の肉弾になるものである。米国は『共同防衛』の名のもとに、米国が必要と認めたときには日本の軍隊をわが国の台湾、さらには西太平洋のいかなる地域にも派遣して米国の軍事侵略を手助けさせることができる。」（外務省アジア局中国課編『中共対日重要言論集第四集』）

すなわち、日米安保改定の交渉の段階で、それが日米共同のアジアに対する軍事的覇権であると非難声明を出していた。

●キッシンジャーの安保条約＝「ビンの蓋」論

しかし、このような中国の日米安保に対する見方が変わってきたのが、一九七〇年代初頭の米中国交回復期であった。このころの中国は、ソ連との対立を深め、対ソ包囲のためにもアメリカとの和解を探った。他方、アメリカもベトナム戦争の解決や、対ソ戦略上も中国との和解が必要と考えて国交回復を進めた。

米中交渉の中で、日米安保条約はどのように位置づけられていたのだろうか。日米安保に批判的な中国は、日米安保の話題を避けるわけにはいかなかった。

交渉の中国側の当事者である周恩来首相は、「日本の経済成長は自衛の名目にせよ軍事的膨張をもたらす。日本の翼に羽が生え、今にも飛び立とうとしている。現在の経済発展を背景に、四次防計画で多くの予算を支出する方向へ変化している。日本が軍事膨張の道を歩み始めたら、どこへ行くのか予見困難」と、日本が軍事的膨張の道を歩み始めていることに警戒感を表す。

しかし、アメリカのキッシンジャー大統領補佐官［当時］は、「もし日本が自力で防衛しようとすれば、より強力なものになり、周辺にとって危険な存在となる。現在の日米関係は日本を抑制しているが、もし我々が日本を自由にすれば、日本は自らの足で立つようになりそれは日中間に強い緊張を引き起こす。それは米中双方が犠牲者となる」と、日米安保＝「ビンの蓋」論により中国を説得にかかる。さらにキッシンジャーは、「在日米軍が日本から撤退し、日本に核による再武装を許せば、一九三〇年代の再現となる、それはアメリカの基本政策ではない。在日米軍基地は純粋に防衛的なものであり、中国向けのものではないばかりか、日本の再武装を先送りできるメリットがある。日本の再軍備を阻止する点で、アメリカと中国の利益は一致する。米軍を日本から撤退させれば、周恩来が心配する危険を増大させることになろう」（一九七一年七月、『周恩来・キッシンジャー機密会談録』岩波書店、二〇〇四年）とせまった。

対する周恩来も、「日本経済の発展はアメリカのお蔭であり、アメリカが日本を今日のようなところまで太らせた。日本はアメリカの制御がなければ暴れ馬」と応じ、結局、「だから米中両国が日本について相互に理解し、日本に対して抑制を示すことが重要である」と、日本の軍国主義復活の防止の必要性を強調して、米中和解が成立する。

そして中国は日本に対しても一九七二年に、日中国交回復を実現させる。この日中国交回復においては、日米安保条約は不問に付された。中国としては、日本に国交の窓口を台湾でなく中国に一本化する「一つの中国論」を承諾させるのが先決であり、日本にとっても米中接近の中で中国との国交回復を急がなければならないという事情があったのである。そのため一九七二年の日中共同宣言では、日中とも日米安保条約については触れない、という扱いになった。

●冷戦終結後

冷戦終結後に、中国の日米安保に対する見方はどう変わっただろうか。重要な転機となったのは、一九九六年四月の日米安保の再定義だろう。この「日米安保共同宣言」は、冷戦終結後も「日米安保体制は、アジア太平洋地域の平和と安全に不可欠」と再確認し、条約の範囲を極東からアジア全域に広げ、米軍のアジア全域での軍事行動に日本が協力することとされた。日米安保が極東の平和と安全のため（日米安保条約六条）から、アジア全域の平和と安全のために拡張されたのである。

米中和解、日中国交回復期には、日米安保は日本の軍国主義を抑える「ビンの蓋」の役割を果たすということで、かろうじてその存在意義を認めてきた米中であるが、安保再定義によって、本来の日米安保の役割を超え始め、中国にとっては警戒感を強めざるをえなくなってきた。

「日米安保条約は日米二国間の範囲を超えてはならず、もし超えたら当該地域の情勢に複雑な要素をもたらす」「中国の内政である台湾問題へのいかなる干渉にも反対する」と中国外交部スポークスマンが発言し（一九九六年四月一八日）、銭其琛外相も「軍事同盟を強化するような日米安保の再定義は、冷戦思考であり、平和と発展という時代潮流に逆行するものである」とインタビューで批判している（一九九六年一二月）。

そして米軍の出動範囲を拡大するだけでなく、日本における周辺事態法の成立に見られるように、日本の自衛隊のアジアへの行動範囲の拡大も冷戦終結後の大きな特徴である。

「日本の自衛隊の装備増強と防衛範囲の拡大は、『アジア諸国の重大な関心と警戒を引き起こす』」（一九九六年四月一九日付『人民日報』）、日米共同宣言は「日本が既に米国の世界的な軍事戦略に組み込まれ、アジア太平洋地域で米軍との共同行動を強化していくという危険信号だ」（一九九六年五月九日付『光明日報』）、共同宣言により、日米安保体制は「防衛型」から「侵攻型」に変化し、日本は「保護受益型」から「関与型」に変化し、「中国封じ込め」の基盤が構築された（一九九六年五月九日付『解放軍報』）、と中国国内では、日本の自衛隊拡大の動向に重大な関心が持たれている。

中央アジアにおける米軍基地の建設、アジア地域協議におけるアメリカの参加など、アメリカの世界戦略が中国を軍事戦略的に包囲してきたこと、日本も独自の自衛力の強化、自衛権の拡大により、アジアに対する軍事的関与が可能になってきたことに対して、中国が静観していられる状況でなくなってきたのは確かである。これらのことから一九七〇年代の日米安保＝「ビンの蓋」論のような日米安保肯定の考え方は、日米安保条約の範囲の拡大に伴い、もはやそのままの形では維持されていないのではないだろうか。

3　今、求められていること

尖閣諸島での漁船衝突事故により日中間に緊張感が漂っている背景には、以上述べたような米日の軍事力の強化がある。日本のマスコミではこの点が軽視されているように思われる。フィリピンにおいては、米軍基地撤去後でも米比の軍事演習によって、アジアや中国に対する軍事的脅威が生じている。韓国でも、米軍再編が行われ、米軍が地域外にも起動しやすくなる米軍の戦略的柔軟性が進められている。これも地球規模の軍事行動が進められている日米安保条約と同じく、本来の韓米相互防衛条約から逸脱するものである。

このように冷戦が終わっても東アジアでは冷戦構造が維持され、さらに強化されている。そしてそれを支えるアメリカの日韓比との軍事同盟。このような「西側」の軍事力強化の動きを監視し、軍事同盟にたよらないアジアをどのように作り上げていくのかがこれからの課題である。

そのためには、一つには、フィリピンの米軍基地撤去の経験を例とする「日韓比からの米軍基地撤去」の動きが必要である。沖縄の普天間基地撤去の課題ももちろんこれに入る。

アジアの冷戦構造を固定化、増幅する動きを自らなくしていく努力が必要である。そしてこれらの課題は各国で取り組むだけでなく、市民の国際的な連帯活動としても位置づけられていくことが重要である。フィリピンで米軍基地が撤去された一九九二年以降に、日本、韓国での米軍再編による米軍強化の動きが現れてきたのは、米軍のアジアに対する影響力を減らしていく国際的な横断的な運動が求められているということではないだろうか。

そしてもう一つ同時に大切なことは、紛争や軍事的な緊張関係を生じさせないための対話システムを作っていくことである。政府間では、ASEAN地域フォーラム（ARF）や六ヵ国協議のような安全保障に対する多国間の政府間協議が進められている。しかし、それにとどまらず、国家的利益に左右されない、市民、NGOレベルでの市民間の対話による「安全保障システムの構築」が求められている。

近年アジア各国で高まっているナショナリズム的な偏狭な志向を克服するには、市民間の交流が求められている。筆者も関わっているアジア太平洋法律家会議（COLAP）などの法律家団体や、武力紛争予防のためのグローバル・パートナーシップ（GPPAC）など市民団体のさまざまなアジアレベルでの交流が大切であるが、なによりも日常的に市民が交流できる仕組みを考えていかなければならない。中国や北朝鮮の市民が普段どのような生活を送っているのか、日本に対してどのような印象を持っているのか、など日常的なことを話し合って相互の理解を進める。さらには、歴史認識の問題、戦後補償問題、領土問題などのテーマも、話し合いにより誤解を解き、あるいは違いを認め合い、相互の理解が進むような場を恒常的に持っていけるようにすべきであろう。

16

メディアはどう関わったか
――日米安保をめぐる戦後半世紀のせめぎあい――

松田　浩

戦後六五年間、国民は憲法九条と日米安保の矛盾をめぐって、日米支配層との間に〃せめぎあい〃を繰り返してきた。メディアはその〃せめぎあい〃にどう関り、また関わろうとしているのか――時代の大きな転換期のなかで、そのことがいま問われている。

1　戦後日本の原点だった六五年前の敗戦

六五年前の一九四五年八月、日本は敗戦を迎えた。一九三一年の柳条湖・満鉄爆破による中国侵略から始まったアジア・太平洋戦争は、沖縄、広島、長崎の悲劇を生み、国土を焼け野原と化して、日本を敗戦に導いた。戦争は日本人に、深刻な反省と教訓をもたらした。戦争放棄（第九条）を掲げた日本国憲法は、まさにその痛恨の体験が生み出した〃答え〃だった。

敗戦によって、日本はアメリカの占領下に置かれた。アメリカは占領初期、あらゆる領域で徹底した民主改革を指導した。とくに、占領軍が力を入れたのは、マスメディアの民主化だった。

敗戦がメディアに突き付けたのは、戦争を「聖戦」と美化し、国民を戦争に駆り立ててきたジャーナリズムの〝戦争責任〟だった。

戦争責任問題は、経営・編集幹部の責任追及と社内機構民主化の要求となって高まった。敗戦から一週間後の八月二三日、『朝日新聞』は社説「自らを罪するの弁」でメディアの戦争責任を提起した。一九四五年一〇月一九日、朝日新聞東京本社の社員大会で採択された「新聞の民主主義体制確立に関する声明」や、一一月七日付掲載の宣言「国民とともに起たん」には、メディア民主化の理念が簡潔に要約されていた。宣言は、「今後の朝日新聞は全従業員の総意を基調として運営されるべく、つねに国民とともに起ち、その声を声とするであろう。……朝日新聞はあくまで国民の機関たるべきことをここに宣言する」と表明していた。ジャーナリストたちは、メディアの民主化にとどまらず、日本の民主化運動の先頭に立って闘った。

●単独講和・安保に流れを一変させた占領政策の転換

この民主化の流れを一変させたのが、アメリカの占領政策の転換である。米ソの対立顕在化やアジア情勢の激動を背景に一九四八年一月、ロイヤル米陸軍長官は「日本を反共の防波堤に」と、日本の反共基地化構想を提起した。

日本の「反共防波堤化」でも重視されたのはマスメディア対策だった。第一着手として連合国総司令部（ＧＨＱ）のインボデン新聞課長が新聞社を歴訪して、経営者に編集局からの左翼勢力排除を説いて回った。つづいて、一九五〇年六月、朝鮮戦争が勃発すると、新聞・放送を皮切りに活動家の一斉解雇（レッドパージ）が始まった。レッドパージは全産業に及んだが、マスコミ分野での解雇者は総勢七〇四名に達し、従業員比の解雇率二・三五％は一般産業の解雇率（平均〇・三八％）に比べて格段に高い数値を示した。それと入れ替わりに、かつて戦争犯罪に問われて公職を追われた旧勢力が、追放を解かれて言論界に一斉復帰した。それは警察予備隊（七万五千人、一九五〇年七月）の創設とも見事に符節の合う〝逆コース〟への流れだった。

講和問題では、マスメディアの右旋回が際立った。世論は交戦国すべてとの講和条約締結を主張する全面講和派と、共産主義国を除く西側国家のみとの講和を推進する単独講和派とに二分された。新聞では、かつての全面講和の論調が姿を消し、単独講和支持の社説を掲げる新聞が全体の七割強を占めて、全面講和支持の新聞を圧倒した。レッドパージの影響が、そこには、はっきり表れていた。

単独講和論の狙いは、明らかだった。占領政策を制約していた連合国極東委員会を解体し、アメリカが日米安保条約とセットで、自由に沖縄と日本本土の米軍基地を確保・運用することにあった。

一九五一年九月、サンフランシスコで対日講和条約が締結され、同時に日米安保条約が結ばれた。翌一九五二年四月、日本は国際社会に復帰した。しかし、沖縄は本土から切り離され、実質アメリカの施政権下に置かれた。安保条約には、米軍が日本の民衆運動を「内乱」として鎮圧できる「内乱条項」などが含まれていたが、肝心な安保条約の内容自体は、調印されるまで国民に全く公表されなかった。

この戦後最大の針路選択にあたって、メディアは「つねに国民とともに起ち、その声を声とする」

初心に背いて日米支配層の側に立ち、権力に加担した。一九五二年四月、NHKがサンフランシスコ条約「独立」と同時に、放送終了時の「君が代」放送を開始したのは、それを象徴する出来事だった。

2　六〇年安保とマスコミ

●警職法で光ったジャーナリズムの健闘

単独講和から八年後の一九六〇年、日米安保条約は最初の改定期を迎えた。安保をめぐる状況は、単独講和のときとは大きく様変わりしていた。占領の重圧が取れたことで労働運動の再建が進み、米軍基地建設・拡張に反対する地元住民の闘争など中立・平和を求める国民と、日本の反共基地化や再軍備を推進する政治の流れとの矛盾が顕在化したからである。とりわけレッドパージを容認した総評が、再軍備に反対する〝闘う総評〟に脱皮したことの意味は大きかった。

メディアの分野でも、一九五〇年発足の新聞労連が一九五四年に戦線を統一、五五年には運動方針に「新聞を国民のものに」を掲げ、問題意識を鮮明にした。同じ年、「真実の報道を通じて世界の平和を守る」を目的に掲げた「日本ジャーナリスト会議」（JCJ＝吉野源三郎議長）が発足、全国紙、通信社、出版、放送など各職場で二〇支部が結成された。このジャーナリズム職場の活性化が、五八年の警職法闘争や六〇年安保で、メディアが本来の権力監視や世論形成の機能を発揮することを可能にしたのである。

五八年の警察官職務執行法（警職法）反対闘争で、学芸部や社会部の若手記者たちが、学者・文化人と連携して「警職法」の問題点を明るみに出した。『週刊明星』のような週刊誌まで、「デートもできない警職法」と反対の論陣を張った。警職法改正案は結局、審理未了のまま廃案となった。

一九五八年一〇月四日、藤山・ダレス会談での安保条約改定合意を受けて、第一回の安保改定日米会談が東京で開かれた。安保改定の眼目は、「内乱条項」などの廃止と引き換えに米軍と自衛隊の「共同防衛」を前面に打ち出し、安保の適用範囲を極東にまで拡大した点にあった。

●安保闘争の本格化

安保改定に対するジャーナリズムの反応は、当初、鈍かった。その第一の理由は、政府・財界が警職法などの教訓から危機意識を強め、マスコミへの工作を周到に進めたためだった。岸首相は各社政治部長との毎月定例の昼飯会のほかに、報道関係首脳を社ごとに招き会食・懇談をするなど、きめ細かな根回しを行った。そして第二の理由は、そうした工作が浸透するなかで、編集トップから現場の安保報道に強い規制の枠がはめられていたからである。

『朝日』の笠信太郎・論説主幹は、一九五九年一〇月の全国支局長会議で「朝日としては安保改定に賛成する。ただし期限一〇年は長すぎるなどの条件をつける」と安保賛成の立場を鮮明にしたのは、それを象徴していた。新聞の大勢は改定支持、あるいは条件付賛成で、『北海道新聞』の〝安保出直し論〟がわずかに異彩を放つありさまだった。

そんな状況下で、唯一、正面からこの問題に取り組んだのは、雑誌『世界』だった。『世界』は一九五九年四月号の「特集・日米安保条約改定問題」を皮切りに、精力的に安保改定の問題点に光を当てた。

日本ジャーナリスト会議（ＪＣＪ）も五九年四月、参院選を前に声明を発し、安保条約改定の真のねらいが軍事関係の「緊密強化」、とりわけ「日韓台三地域を結ぶ核軍事体制の結成確立にある」とし、「それぞれの仕事を通じて安保改定の本質を国民に訴え」るようジャーナリストに求めた。

報道現場の健闘もめざましかった。共同通信では、政治、経済、外信の三部デスクが総合デスクをつくり、安保改定に関する一五回の連載企画を組み、地方紙三一紙がこれを掲載した。毎日新聞の『エコノミスト』は毎号のように安保問題を取り上げた。ＪＣＪの呼びかけで、五九年一一月、学者・文化人・作家・新劇人らを幅広く糾合した「安保批判の会」（事務局＝ＪＣＪ）が結成されたことも、注目すべき出来事だった。

国会への請願デモは、一九六〇年四月の安保改定阻止国民会議の第一五次統一行動を境にさらに一段と高まった。「安保批判の会」も、五月一八日には吉野源三郎、青野季吉、千田是也、戒能通孝、佐多稲子など代表一一人が国会内で岸首相に会い、新安保条約の廃棄を要求した。これは、国民が「請願権」をこうした形で行使した日本で最初のケースとなった。

こうした運動を受けて、『朝日ジャーナル』五月一五日号は「岸政権への国民的不信」（対談＝辻清明、吉武信）を載せ、また『週刊朝日』五月八日号、六月五日号、同一二日号なども「反民主主義への怒り・山下肇」「岸総理に抵抗する・竹内好」「〝声なき声〟を聞け――国民の間に高まる岸批判」と批判した。『サンデー毎日』も六月五日号、同一二日号で「民主主義の怒り・大江健三郎」「続・民主主義の怒り・開高健」と歩調をそろえた。

国民世論の前に窮地に立った岸内閣は、六〇年五月一九日、警官隊を国会に導入して新安保条約を自民党単独で強行採決。この暴挙が、一層、国民の怒りを呼び起こした。『朝日』『毎日』は「総辞職して解散せよ」と筆をそろえ、『読売』など多数の新聞も「岸首相の退陣と総辞職」を主張、「安保反対」と並んで「民主主義を守れ」が安保デモの実質的なメイン・スローガンとなった。

●七社共同宣言が意味したもの

当初岸内閣を批判するために使われた「議会主義を守れ」という言葉は、やがて六〇年六月一〇日ごろを境に、安保反対勢力に向けて使われ出すようになった。

〝方向転換〟は、樺美智子の死をもたらした六月一五日の報道で決定的となる。六月一七日、『朝日』『毎日』『読売』『産経』『日経』『東京』『東京タイムス』の在京主要七紙は、「七社共同宣言」を発表した。「暴力を排し、議会主義を守れ」というタイトルのこの共同宣言では、「事の依ってきたる所以を別として」と岸内閣に対する責任追及は、はるか後景に引っ込み、安保反対勢力への批判が前面に押し出された。ここには、権力者と体制危機感を共有するメディア経営者の「動揺的体質」が、みごとに露呈されていた。共同宣言はその意味で、「権力への屈服宣言」に外ならなかった。

現にその前後から、記者が現場から送った原稿はデスクでズタズタに削られ、書き直されていた。事態は放送でも同じで、NHKでは六月一六日の街頭録音「国会デモをどう思うか」など多くの番組が放送中止になったり、作り変えられた。

安保闘争の体験を通じて反動陣営が汲みとった教訓、それはマスコミ対策の重要性だった。アメリカ国務省の準機関誌といわれた週刊誌『タイム』は、安保闘争直後、二回にわたって日本の新聞批判特集を行ない、「安保騒動は日本のマスコミ経営者の無能力と、それにつけ入ったマスコミ界内部の左翼勢力の策動の産物である」と経営者に〝経営権〟、つまり編集権や、編成権の確立を迫った。

3　ベトナム戦争をめぐるせめぎあい

岸内閣の退陣後、池田内閣の高度成長政策のもとで世論は一時、鎮静化する。だが、一九六五年の北ベトナム爆撃で本格化したベトナム戦争は、沖縄をはじめとする在日米軍基地を足場に戦われ、そのことで日米安保体制のもつ危険性をあらためて浮き彫りにすることになった。

このベトナム戦争で、日本の新聞は競って現地に特派員や取材班を送り、『毎日新聞』の「泥と炎のインドシナ」（三八回連載）を皮切りに、開高健のルポ（『週刊朝日』）、本多勝一の「戦場の村」（『朝日』）など、ベトナム戦争のなまなましい実態を伝えた。テレビもTBS、日本テレビ、NHKなどこぞって現地取材班を派遣し、日本テレビ「南ベトナム海兵大隊戦記」、TBSテレビ「ハノイ――田英夫の証言」など、数々のめざましい報道活動の成果を世に送り出した。これらの報道は人々のベトナム戦争に対する関心を高め、「反戦・平和」の感情と行動を育んでいくうえで大きな役割を果たした。

ベトナム報道のうねりは、アメリカと政府・自民党をいたく刺激し、マスコミへのむきだしの介入、干渉、弾圧を生んだ。最初に口火をきったのは米国。ボール国務次官とマッカーサー国務次官補は六五年四月五日、米上院の外交委員会で「日本の朝日新聞と毎日新聞の編集局は共産主義者に浸蝕されている」と証言。それから半年後、ライシャワー大使は、ハノイ入りして現地から報道を行った『毎日』の大森実・外信部長と『朝日』の秦正流・外報部長を名指しして「日本の報道機関はベトナム情勢について均衡のとれた報道をしていない」と非難攻撃を浴びせた。

こうした攻撃に対する日本のマスコミの対応は、見るに耐えないものがあった。社説で反論を加えた『朝日』の場合ですら、「これを親しい友人からの忠告として、反省する機会としたい」と、抗議とはほど遠い論調に終始した。大森はこれを機に毎日新聞社を退社することになった。

マスコミに対する干渉、介入は、ベトナム戦争の泥沼化につれて一段とエスカレートする。最大の標的は新聞・通信では『朝日』と共同通信、テレビではＴＢＳだった。マスコミ首脳部はそのたびに、職場への締めつけを強め、記事や番組に対する「自主規制」を強化することで、権力の側に身を寄せていった。

警職法から六〇年安保、そしてベトナム戦争にかけてのこの時期、ジャーナリスト・制作者たちは、権力の激しい弾圧やメディア経営者の締め付け・自己規制などに抗し、それとの〝せめぎあい〟のなかで報道の自由と真実の報道を求めて闘ったのである。

この闘いで力を入れたのは、幅広い市民との連帯だった。権力の介入・弾圧やメディアの自主規制の実態を多くの読者、視聴者に伝え、ともに「知る権利」のためにスクラムを組もうと、小和田次郎

『デスク日記』(全五巻、一九六五〜六九年)、ＪＣＪ編『マスコミ黒書』(一九六八年)、新村正史『デスクｍｅｍｏ』(一九七一〜七四年)や、マスコミ共闘会議による一連の『マスコミ・レポート』シリーズ(五冊、一九六六〜一九七三年)が出版され、またＪＣＪ、マスコミ共闘会議などの主催で市民参加のシンポジウムや集会が盛んに開かれた。

4　ジャーナリズムの劣化を生んだマスコミ対策

ベトナム戦争下の七〇年代は、マスコミ対策のうえで「弾圧から操作へ」の一大転換点になった。それを象徴するのは、放送事業者の死活をにぎる政府の免許権限が、マスメディア操縦の強力な武器として、最大限に利用されたことである。それと並行して、マスコミ労組に対する組合つぶしの攻撃や御用組合化をねらっての労務工作が強力に進められた。また全国紙では、多くのＪＣＪ支部がアカ攻撃のなかで支部解消を余儀なくされていった。

新聞、放送とも技術革新と高度経済成長を背景に設備投資と合理化が急速に進み、メディアの系列化や総合情報産業化への傾斜とあいまって、ジャーナリズムの変質が進んだ。とくに一九六七年からはじまったＵＨＦテレビ(極超短波)の大量免許は、テレビとの一体経営をめざす五大全国紙資本の免許獲得競争やテレビネット系列の再編成をもたらし、メディアと権力との関係で、大きな節目となった。

ベトナム報道をめぐってメディアが激しい〝偏向〟攻撃にさらされたこの時期、全国紙の経営者たちは、電波行政の陰の実力者・田中角栄に対してテレビ免許獲得工作を水面下で激しく繰り広げていた。テレビ進出で出遅れた朝日新聞の政治工作が目立ち、日経、フジテレビなども同様だった。テレビとの一体化経営戦略のもとで、全国紙資本は企業利益を「ジャーナリズムの論理」に優先させ、権力に〝借り〟をつくる道を選んだ。この一連のテレビ免許は、政府・自民党のマスコミ対策と表裏一体の形で、テレビ・ネットワークの再編成を生み、マスコミの政治地図を大きく塗りかえた。後発のフジテレビが、TBS、日本テレビ両系列と肩を並べる全国ネットワークに変貌し、朝日と日経もそれぞれテレビ系列を強化した。

この五大全国新聞社とテレビの資本系列単一化は、新聞・テレビの巨大言論情報寡占を通じて、言論・情報の多元性・多様性を失わせ、国民の「知る権利」に甚大な影響をもたらした。とりわけ新聞が資本面でテレビと一体化したことで、「権力の監視役」だったはずの新聞が、免許事業の当事者として、政府に〝生殺与奪権〟をにぎられる立場に立たされたことの意味は大きかった。

七〇年代から九〇年代にかけて、日本の新聞、放送などマスメディアは、急速に監視機能を低下させ、かつてのジャーナリズムの輝きを喪失していった。そして、このジャーナリズム機能の空洞化が、日本の政治・社会の劣化と日米安保の変質につながっていくことになる。

●ジャーナリズム変質の要因

ジャーナリズムを変質に導いた主な要因としては、上記のほか次の七つが見落とせない。

(1) 新聞・放送幹部の各種政府審議機関への起用・取り込み。

(2)『読売』『産経』『文藝春秋』『新潮』など権力別働隊グループの形成による「議題設定」と「世論誘導」。小林与三次・読売新聞社会長（第八次選挙制度審議会会長）の主導による小選挙区制の導入や『読売』の憲法改正試案、日米安保「抑止論」の推進などその一例。
(3)二者択一のテーマ選択や出演者人選の偏りによる「言論の自由市場」の形骸化。
(4)労組の御用組合化と報道職場における内部的自由への締め付け。
(5)メディアの商業主義化と広報機関化による記者の問題意識の低下。
(6)記者クラブ制度や情報操作の巧妙化による発表ジャーナリズムの横行。
(7)「報道」ではなく「情報」「市民」ではなく「情報消費者」を再生産することで、読者・視聴者のなかに市民意識の希薄な「情報消費者」を育てていったこと。

このことは、「ジャーナリズムの劣化」の具体的現象として、①情報・取材源の権力への偏り、②権力側への監視機能の低下、③多様で多角的な情報や言論の喪失、④真の争点・矛盾を追及しない権力側の議題設定への追随、⑤センセーショナリズム、⑥市民・住民の視点を欠いた権力側の視点での報道・論評——などの弊害を生み出していった。

5　急激に進んだ安保の変質——アジア・太平洋から地球規模の同盟へ

ジャーナリズム機能の劣化は、一九九一年の湾岸戦争を契機に「ＰＫＯ法」（一九九二年）「新ガイドライン」（一九九七年）「周辺事態法」「国旗・国家法」「通信傍受法」（一九九九年）「テロ特措法」

（二〇〇一年）「武力攻撃事態法」など「有事関連三法」（二〇〇三年）などの矢継ぎ早の成立を許す結果になった。

一九九一年のソ連の崩壊で、米国の世界戦略の前提は変化した。しかし、「ならずもの国家」や「テロ攻撃」から世界を守るという名目で、イラクやアフガニスタンへの侵攻が「合理化」され、「国際貢献」の名のもとに自衛隊の海外派兵が進められた。大量破壊兵器の存在や自衛隊の海外派遣など小泉首相の巧妙なこじつけ・すりかえの論理に、メディアが翻弄される局面が目立ったのも際だった特徴だった。

日米安保体制は日米「軍事同盟」へと変質し、安保条約の適用範囲も、極東からアジア・太平洋に、そして「地球規模の日米同盟」へと拡大された。これらは、日本国憲法の平和主義を実質空文化しただけでなく、マスメディアの取材・報道統制や市民の言論・表現の自由の抑圧、知る権利の蹂躙などに道を開き、民主主義社会を根底から揺るがす事態にも立ち至っている。

●普天間基地問題とジャーナリズムの混迷

二〇〇九年夏の総選挙で政権交代を実現させた民主党・鳩山首相は、普天間基地の移設先について「国外または少なくとも県外」と言い続けたが、結果は沖縄県民の民意より「日米合意」を優先し、期待を大きく裏切った。これには米軍基地＝平和のための抑止力という「神話」を前提に、米国べったりの報道・論評に終始した本土メディアの責任が大きかった。

かつて日米安保体制に批判的スタンスを示していた『朝日新聞』は、二〇一〇年一月の社説では

「同盟も九条も、の効用」（一九日付）と、憲法九条と「日米同盟」を並べて評価する立場に転じ、五月五日の船橋洋一・主筆のコラム「日本@世界」では「海兵隊の役割、再定義を」と、米海兵隊（沖縄基地）の役割そのものを全面肯定するまでに様変わりをみせている。ここには、憲法九条の理念をふまえて日米安保を検証しようとする視点がみじんも見受けられない。

北朝鮮による延坪島砲撃事件や尖閣諸島での中国漁船・衝突拿捕事件などをきっかけに「脅威論」が煽り立てられ、「日米同盟」強化や日米韓軍事同盟の動きが高まっている現実は、「日米安保」体制の危険性をあらためて浮き彫りにしている。中国や北朝鮮を仮想敵国視した「日米同盟」の強化は、必然的に中国や北朝鮮の側に軍備増強の反作用を招き、軍事緊張のシーソーゲームが果てしなく続くことになりかねない。憲法九条の理念に立ち返って、この危険な〝負のシーソーゲーム〟に終止符を打つことが、いま求められているのである。普天間問題の真の解決は、そこにつながっている。歴史に対するジャーナリズムの未来責任が、いま問われているのである。

6　軍事同盟のないアジアをめざして

では、どうすれば、戦後、半世紀余にわたって日本を縛ってきた日米安保体制を脱却して、憲法九条を柱とした平和で民主主義的な日本をめざす潮流を作り出していくことができるのか。大事なことは、矛盾のあるところ、必ずその矛盾を克服しようとする力は育ってくるという事実である。

一見、悲観的にみえる状況のもとでも、なおかつ現状を変えようとする〝志〟あるジャーナリストや市民の営みは存在し、多くの学者、研究者、文化人らとの協働のなかで、現実を動かす力になってきている事実を見逃すことはできない。沖縄では、『琉球新報』や『沖縄タイムス』のような地元メディアのジャーナリストたちが、県民と一体になって闘っているし、その闘いへの共感も着実に広がっている。憲法問題でも、「改憲試案」などで憲法改正の旗振り役を果たしている『読売新聞』や、『産経』、『日経』などが「改憲推進」の世論づくりに懸命だが、その一方で沖縄の前記両紙をはじめ大半の地方紙は「改憲」反対の立場を堅持している。

ジャーナリスト、研究者、弁護士らの地道な活動は、二〇一〇年、日米安保条約や沖縄返還協定の「密約」を明るみに出した。一見、「政府一辺倒」とみえるNHKのなかでさえ、志ある制作者たちが健闘し、キラリと光る番組をみせている。いま世界の大勢は、軍事同盟を見直し、地域の平和共同体的なつながりの中で軍事力によらない平和の構築を追求する方向が主流になってきている。アメリカの武力介入の論理はすでに破綻し、世界経済におけるその優位も揺らいでいる。そんな世界史の転換期のなかで、憲法九条を「国是」に掲げる日本の新しいあり方が、問われているのである。軍事同盟のない日本、軍事同盟のないアジアをめざして、「せめぎあい」は、いたるところで、いまもつづけられているのである。

第Ⅳ部　日米安保体制からの脱却

17　九条改正に反対し、安保・自衛隊を容認する高校生

関原　正裕

1　沖縄の高校生の発言から

●沖縄のよき伝統

二〇一〇年四月二五日、米軍普天間飛行場の早期閉鎖・返還、県内「移設」に反対する沖縄県民集会が超党派、島ぐるみで開催された。参加者は実に九万人。「世界一危険」だといわれる普天間基地がいつまでも撤去されないことへの怒り、在日米軍基地の七五％が国土面積のわずか〇・六％にすぎない沖縄に集中していることへの怒り、本土復帰以降いや戦後六五年間、地下のマグマのように溜まっていた沖縄県民の怒りがついに地上に噴出し爆発したかのようであった。

この県民集会で普天間高校三年の二人の生徒が発言し、参加者に大きな感動を呼んだ。一五年前の少女暴行事件をきっかけにした日米地位協定の見直しと基地の整理縮小を求めた県民総決起大会でも、また一一万人が集まった二〇〇七年九月の「集団自決」の教科書検定問題での県民大会でも高校生の発言が注目された。このように高校生に発言の機会を与えるという集会の持ち方は全国が学ぶべき沖

縄のよき伝統ではないだろうか。

●「未来は私たちの手のなかに」

四月二五日の県民集会で、普天間高校三年の岡本かなさんは次のように発言した。高校に入学した時はフェンスに囲まれた基地と低空飛行の飛行機の爆音に疑問と怒りを持っていたのに、三年生になった今、「でもしょうがない」「いつものこと」と思い、軍用機がいつ落ちるかわからない、民間地域のすぐ横で戦争の訓練が行なわれている「危険を危険と感じなくなる恐さ」「私の感覚がにぶくなっていた」と語り、「しかたがないから、と考えるのをやめていないか。みんながそれぞれの立場で、もう一度基地問題に向き合ってほしいと思います。私たち一人ひとりが考えれば何かが変わる」と訴えた。

もう一人の高校生、志喜屋成海さんは、「基地で働き生活の基盤を作っている人」や「辺野古の海岸で座り込みを続けている人たち」など様々な立場の人がいることに思いをはせ、自分には「それぞれの立場の人の考え方を判断するだけの人生経験が」ないと言いつつも、「ただ現状に流されて、『しかたない』と受け入れることで本当によいのでしょうか。私は純粋に素直に、この問題をみたうえで、やはり基地は沖縄には必要ないとそう思うのです」と訴えた。そして最後に二人は声をそろえて「未来は私たちの手のなかに」と唱和し訴えをしめくくった。

二人の高校生に共通していたのは、基地があるという現実を「純粋に素直に」直視し、「しょうがない」「しかたない」と受け入れてしまうのはやめようと言った点だった。発言の中に憲法九条は出てこなかったが、高校生らしい純粋さと素直さで基地問題に向き合った発言が九万人の参加者の感動を呼んだのだ。

この二人の訴えを引き継ぐようなかたちで、六月二三日沖縄慰霊の日の追悼式典で同じ普天間高校三年の名嘉司央里さんが『変えてゆく』という詩を読み上げた。基地があり、ヘリが飛び、爆弾実験が行なわれている「普通なら受け入れられない現実を　当たり前に受け入れてしまっていた　これで本当にいいのだろうか」と述べ、「私たちにできること　変えていくのは難しい　しかし一人一人が心から　負である『戦争』を忌み嫌い　正である『平和』を深く愛する　そんな世界になれば　きっと正の連鎖がはじまるはずだ」と訴えたのだ。

●社会科教育の課題

沖縄の高校生にとって社会の矛盾の根源は基地と戦争だろう。全国各地それぞれの地域の高校生も現実社会の様々な矛盾に取り囲まれている。これらの矛盾に対して高校生が高校生らしい純粋さと素直さをもって思考し、行動するように励ますことが私たち大人の責任だし、高校社会科教育の基本的な課題でもあると思う。

中部地方を中心に読者を持つ『中日新聞』は、二〇一〇年八月一日に「一七歳の決意に応える」と題した社説を掲載した。先ほどの名嘉さんの詩『変えてゆく』を紹介しながら、若者たちに過去の「戦争の現実」が伝えられていないこと、そのことに対する大人の責任を論じたものだった。まさにこうした報道こそ高校生を励ます大人のあり方の一つだろう。

2　普天間基地問題を本土の高校生はどう見たか

私は、赴任校の埼玉県立越谷北高校において、二年生の日本史の授業で、二〇一〇年四月から五月にかけて、折に触れて普天間基地問題を授業の最初の時間を使って話した。四・二五県民大会については高校生の発言を紹介した『毎日新聞』の記事を教科通信「なぜだろう日本の歴史」にも載せた。そして、辺野古移転に合意した「日米共同宣言」が出される四日前、二〇一〇年五月二四日、二年生一一三人に以下のようなアンケートを実施し、それぞれ回答した理由についても一言意見を書いてもらった。質問項目とその結果は次のとおりである。

普天間基地問題について

①危険ではあるがこのまま普天間基地を存続する……………………一五・〇％
②日米で合意している名護市辺野古に海上基地を建設しそこへ移設する……二七・四％
③沖縄県外の徳之島や本土各地に分散して移転する……………………二四・八％
④普天間基地を撤去するようにアメリカに要求する……………………一九・五％
⑤その他……………………………………………………………………一三・三％

●安保・自衛隊を容認する高校生

この結果を見て私の第一印象は、④の基地撤去を求める意見が一九・五％と少ないことであった。しかし、①②③の次のような意見に接して少し分かってきた。

①では「危険ではあるけれど、実際もし移設したとしても、今度はその移設先の人々が危険にさらされてしまう。日本がアメリカに守ってもらっている以上、国内に米軍基地を置くことはさけて通れない道だと思う」（女）という意見、②では「アメリカ軍の基地があることによって、アジアの平和が保たれていると思うので、完全に基地を撤去するのはまずいと思う。そのため、基地を残しつつ住民の負担を軽くできる②の意見が良いと思う」（男）という意見、③では「日本を守るために基地は必要だと思います。しかし、日本全土を守るためには沖縄だけに置くのでなく、日本各地に基地を分散するのがよいと思います」（男）という意見などが代表的なものだった。

共通しているのは「日本がアメリカに守ってもらっている」「アメリカ軍の基地があることによって、アジアの平和が保たれている」とあるように、日米安保条約によって日本の安全とアジアの平和が保たれているという基本的な認識があり、その上に立って普天間問題を考えているのである。①②③合わせれば六七・二％の生徒が多少の強弱はあるにしても安保を容認する傾向にあると見てよいだろう。

歴史教育者協議会が毎年行なっている近現代史アンケート（二〇〇九年・高校生七六五名）の「日米安保条約にもとづく軍事協力について、今後どのようにするべきだと思いますか」という質問への回答でも、安保を「今までより強くしていくべきだ」が一三・七%、「これまでどおり維持すればよい」が三六・七%で、この二つの安保肯定派の回答を合わせると五〇・四%でほぼ半数に達する。七年前の二〇〇二年にはこの合計が三四・二%だった。高校生の日米安保条約に対する肯定的評価は確実に増える傾向にある。

一方「自衛隊についてどう思いますか」という質問への回答でも「もっと大きくするべき」が一三・二%、「今のままでよい」が五九・九%と、自衛隊肯定派の回答は七三・一%にものぼっている。同じように七年前の二〇〇二年にはこの合計は五九・九%だった。やはり自衛隊についても高校生は肯定的に評価する傾向が強まっている。日本高等学校教職員組合が二〇〇八年に実施した「高校生一万人憲法意識調査」でも「自衛隊は憲法九条に違反すると思いますか」という質問に対して「どちらでもない」や「わからない」が半数以上いるものの、「違反しない」が二四・八%で、「違反する」の一九・三%を調査史上はじめて上まわったという。

高校生の中に日米安保条約と自衛隊を容認する傾向が着実に強まっていることは確かである。教科書や学校の社会科の授業の問題もあるだろうが、圧倒的な物量で高校生を取り巻く現状肯定的なマスコミ報道の下では無理もないのだろうか。たとえ高校生らしい純粋さや素直さを持っていたとしても、新聞やテレビによる連日の辺野古移設もやむなしといった普天間報道に接すれば、結局安保のためには「しかたがない」となってしまうのだろう。

●基地撤去を求める高校生

④では「日本は憲法九条で戦争をしないことを表明しているし、自己防衛のために自衛隊も作っているんだから、米軍の基地は必要ないと思う。条約を結び直すことはできないのかな、とも思う」（女）とか、「日本は敗戦の際に戦争をしないという誓いをたてたので、アメリカ軍的に出動しやすいとかだったら、いっそのこと全部なくして攻撃される要素のない、中立的な国になった方がいいと思う」（女）といった意見が目についた。

基地撤去を求める生徒の意見の切り口の一つは「憲法九条で戦争をしないことを表明」とあるように憲法九条への共感や戦争認識にあるように思う。名嘉さんの詩の一節「一人一人が心から負である『戦争』を忌み嫌い、正である『平和』を深く愛する」に通じる純粋で素直な戦争に対する忌避の感覚が九条と結び付き基地の撤去を求めているように感じる。こうした戦争認識が土台に座っていれば、基地を拒否し、安保や自衛隊を容認するのでない方向で思考を深めていくことができるような気がする。

3　九条改正「反対」と「賛成」の意見から

二〇〇四年度の一学期、前任校において高校三年の「現代社会」で安保・自衛隊と憲法九条を考える授業を行った。この年二月にはイラクのサマワに自衛隊の陸上部隊が派遣され、四月にはイラクで日本人人質事件があり、国内では「自己責任」論による人質へのバッシングが広がっていた。米軍はファルージャでテロリスト掃討と称して市民虐殺を行っていた。そして『読売新聞』の憲法世論調査では「憲法を改正する」が六五％と過去最高を記録していた。こうした動きに対抗して大江健三郎氏・井上ひさし氏らによって「九条の会」が六月に結成された。こうした状況の中での実践だった。

私は、授業の中で日米安保条約と自衛隊の歴史、新ガイドライン、イラク派兵、イラク戦争と在日米軍基地などを五時間程度かけて少し詳しく話した。とくに今の自衛隊が日本の防衛のための部隊というより、日米安保体制の下でアメリカの戦争体制を補完する「軍隊」になっていることが具体的にイメージできるように、イージス艦など海上自衛隊の装備にも触れて授業を組み立てた。そして授業のまとめとして、イラクへ自衛隊派遣を決めたときの小泉首相の記者会見と「九条の会」のアピール文を読んで、憲法九条改正に賛成か反対かの意見を書いてもらった。

●意見の分岐点

約八割の生徒は九条改正反対の意見を寄せた。その代表的なものは次のようなものだった。

「憲法第九条の改正にぼくは反対です。第二次世界大戦で日本は、侵略戦争を行い、多くの被害を出しました。そのまちがいを二度とくり返さないために戦争放棄と戦力を持たないことを決めたのに、九条を改正してしまえば、日本はアメリカといっしょに戦争を引き起こしてしまうと思う。実際にイラク戦争に自衛隊をはけんし、イラクへの攻撃を手伝っている。そして連合軍に加わってしまえば、戦力を持たないはずの日本は、戦力を持ってしまう。それは復興支援をするにしろ、軍隊である以上戦力になると思う。それは九条に反している。日本は世界に先がけていかなる戦力、戦争をしないとしたのはすごいことだと思う。過去のあやまちをくりかえさないためにも改正はしないほうがいいと思う。」

ここで私が注目したのは、憲法九条を戦争放棄・戦力不保持という理想的な条文としてとらえるだけでなく、過去に日本が行った侵略戦争に対する反省として位置づけ、二度と過ちをくりかえさないために改正に反対するという筋道で意見を書いていた点だった。つまり九条を歴史的な重みを持った条文として認識することが大きな論拠になっているのである。

一方、九条改正賛成の意見は次のとおりだった。

「自分は九条の改正については賛成の立場です。『九条の会』が述べている事はたしかに間違っていません。しかし、話し合いのみですべてが解決するのならばいったいどれほどの戦争が阻止されてきたか分かりません。また日本の経済や生活が今までアメリカに支えられてきたことは事実であり、その関係をこれからも続けていくには自衛隊の国際的な活動が必要になってくるので、この九条の改正はしなければならないことだと思います。」

九条改正賛成論の論拠の一つには、所詮戦争は「しかたがない」、避けられないという認識が基本にあるようだ。パワーポリティクスが支配する世界の中で、強いアメリカに支えられて日本が存在しているのだから、九条を改正してアメリカと協力しなければならないという議論である。こう見てくると安保と基地問題に対する意見と同様に、九条改正に反対・賛成の別れ道の要素は、あくまでも戦争を否定するのかどうかの戦争認識に関わっているのではないだろうか。

●戦争の実態から出発してこそ

戦争を絶対的に否定する認識を形成するためには、戦争の実態、加害と被害、残虐さ、非人間性を具体的に学ぶことである。「心から負である『戦争』を忌み嫌う」戦争認識が土台にしっかりと備わっていることが憲法九条の評価にとってもきわめて重要であるように思う。

こうした上に立って、国際人道法の発展など人類の戦争違法化への努力やTAC（東南アジア友好協力条約）など世界各地で広がっている平和共存への努力など武力によらない平和への現実的な展望を提示すること。また日米安保条約と自衛隊の今の実態を提示し、本当に日本と世界の平和のために役立っているのかを問うことである。

安保も基地も「平和」のためには「しかたがない」といったマスコミや「大人」社会の世論に取り囲まれている高校生にたいして、安保や自衛隊に関わる社会認識を深めていこうとするとき、戦争の実態をふまえた戦争認識を育てることと結び付けてとりくまなければ、結局「しかたがない」になってしまうのではないかと思っている。

18

憲法による統治の再構築
――日米安保条約を法廷で自由に検討できるようにするために――

金子　勝

今日、日本の各地で生じている在日米軍の横暴を阻止する手段は、国民の命懸けの反対闘争のみである。法令ばかりでなく、裁判でその横暴を統制することも、不可能となっている。このような事態を生み出した原因は、どこにあるのであろうか。

1　「砂川事件」をめぐる二つの判決

在日米軍の横暴が野放しとなっている今日の状況を生み出した最大の要因は、「砂川事件」における最高裁判所の大法廷判決にある。

在日米軍の存在を正当化する最初の条約は、一九五一年九月八日締結・一九五二年四月二八日発効の「日本国とアメリカ合衆国との間の安全保障条約」である。

この「日米安保条約」は、(1)日本の軍拡の要求（前文）、(2)日本の米軍基地設置義務（第一条）、(3)在日米軍の任務は、(a)「極東における国際の平和と安全の維持」と(b)「日本国における大規模な内乱及び騒じょうの鎮圧」（第一条）、(4)アメリカの同意がなければ日本は第三国の軍隊を日本に置くことはできない（第二条）、(5)「行政協定」による在日米軍の地位の決定（第三条）、(6)アメリカの終了宣言による日米安保条約の廃止（第四条）、を内容とするものであった。

アメリカは、この「日米安保条約」に基づいて、在日米軍基地の強化と拡張を実行していくが、それに伴って、国民の反基地闘争も、高揚していく。その反基地闘争の代表的なものの一つが、「砂川事件」と呼ばれる裁判にまで展開した砂川闘争であった。

●「砂川事件」

「砂川事件」の経緯であるが、一九五七年七月八日午前五時一五分頃から、在日米軍が使用していた東京都北多摩郡砂川町所在の立川飛行場（第二次世界大戦前は日本陸軍の飛行場）を拡張するために、同飛行場内の民有地を、防衛庁の東京調達局が、約一五〇〇人の武装警察官に守られて、本測量を開始した。拡張のための測量に反対する行動に参加した約一〇〇〇人の労働組合員・学生のうち、約三五〇〜三六〇人のメンバーが、午前一〇時五〇分頃から同一一時三〇分頃までの間に、反対の声をあげて、滑走路正面の有刺鉄線の柵を壊して、幅五〇〜六〇メートル、深さ二〜三メートル、あるいは、四〜五メートルにわたって立入った。

警視庁は、九月二二日、刑事特別法（日本国とアメリカ合衆国との間の安全保障条約第三条に基づく行政協定に伴う刑事特別法）の第二条違反で、二三名の労働組合員と学生を逮捕し、そのうち七名（労働組合員四名・学生三名）を起訴した。

同法第二条は、「正当な理由がないのに、合衆国軍隊が使用する施設又は区域（行政協定第二条第一項の施設又は区域をいう。以下同じ。）であって入ることを禁じた場所に入り、又は要求を受けてその場所から退去しない者は、一年以下の懲役又は二千円以下の罰金若しくは科料に処する。但し、刑法（明治四十年法律第四十五号）に正条がある場合には、同法による」と定めている。

なお、当時の刑法・第百三十条（住居侵入）は、「故ナク人ノ住居又ハ人ノ看守スル邸宅、建造物若クハ艦船ニ侵入シ又ハ要求ヲ受ケテ其場所ヨリ退去セサル者ハ三年以下ノ懲役又ハ五十円以下ノ罰金ニ処ス」と定め、軽犯罪法・第一条三十二号は、「入ることを禁じた場所又は他人の田畑に正当な理由なく入った者」は、「拘留又は科料に処する」と定めている。

●伊達判決

「砂川事件」を担当した東京地方裁判所（裁判官――伊達秋雄、清水春三、松本一郎）は、一九五九年三月三〇日、次のような内容の判決を下した（『下級裁判所刑事裁判例集』第一巻第三号七七六頁）。

（1）「合衆国軍隊がわが国内に駐留するのは、勿論アメリカ合衆国の一方的な意思決定に基くものではなく」、「わが国政府の要請と、合衆国政府の承諾という意思の合致があったからであって、従って合衆国軍隊の駐留は一面わが国政府の行為によるものということを妨げない。蓋し合衆国軍隊の駐留は、わが国の要請とそれに対する施設、区域の提供、費用の分担とその他の協力があって始めて可能となるものであるから」、「かようなことを実質的に考察するとき、わが国が外部からの武力攻撃に対する自衛に使用する目的で合衆国軍隊の駐留を許容していることは、指揮権の有無、合衆国軍隊の出動義務の有無に拘らず、日本国憲法第九条第二項前段によって禁止されている陸海空軍その他の戦力の保持の該当するものといわざるを得ず、結局わが国内に駐留する合衆国軍隊は憲法上その存在を許すべからざるものといわざるを得ないのである」。

（２）「前記のように合衆国軍隊の駐留が憲法第九条第二項前段に違反し許すべからざるものである以上、合衆国軍隊の施設又は区域内の平穏に関する法益が一般国民の同種法益と同様の刑事上、民事上の保護を受けることは格別、特に後者以上の厚い保護を受ける合理的な理由は何等存在しないところであるから、国民に対して軽犯罪法の規定よりも特に重い刑罰をもって臨む刑事特別法第二条の規定は」、「何人も適正な手続きによらなければ刑罰を科せられないとする憲法第三十一条に違反し無効なものといわなければならない」。

（３）「よって」、「被告人等に対しいずれも無罪の言渡をする」。

この東京地方裁判所の判決――「伊達判決」（伊達秋雄裁判官が裁判長を務めたところから、そう呼ばれた）は、(1)「軍隊」に対する「第九条」（非武装・非戦平和主義）の優越、また、(2)「軍事」に対する「基本的人権」の優越を貫いて、二一世紀の「平和主義」を先取りした。

二一世紀の「平和主義」は、二〇世紀の「平和主義」が、ⓐ軍隊を用いる「平和主義」、及び、ⓑ軍隊と戦争による基本的人権の制約を伴う「平和主義」であったのに対して、Ⓐ軍隊を用いない「平和主義」及び、Ⓑ軍隊と戦争による基本的人権の制約を許さない「平和主義」である。

そのことは、日本国憲法の「第九条」が明示している。そして、そのことが、二一世紀の歴史の方向の「主流」であることは、国際社会で、日本国憲法の「第九条」を自国の憲法の中に取り入れようという運動が台頭していることに示されている。

この運動については、すべての国の憲法の中に「第九条」の原則を採択させるという目的を達成するために、一九九一年三月一八日に、チャールズ・M・オーバビー氏によって「第9条の会」が米国オハイオ州に創設されたことを起点にして、先ず、⑴一九九九年にオランダで開催（五月一一―一五日）された「ハーグ平和アピール市民社会会議」において、議会が「第九条」の原則である政府の戦争禁止を決議すべきであるが、採択された。

更に、⑵二〇〇〇年にニューヨークの国際連合本部で開催（五月二二―二六日）された「NGOミレニアム・フォーラム」での「ミレニアム・フォーラム平和・安全保障及び軍縮テーマグループ」の「セクション」、⑶二〇〇六年に、カナダ・バンクーバー市で開催（六月二三―二八日）された「第一回世界平和フォーラム」、⑷二〇〇八年に日本で開催（五月四―六日）された「9条世界会議」において、「第九条」の戦争放棄の原則を自国の憲法の中に取り入れようという提案が、採択されてきている。

●米国駐日大使館の介入

「伊達判決」に衝撃を受けた米日両国政権は、この判決の破棄を狙って密議した。

一九五九年三月三一日、マッカーサー米駐日大使は、岸信介内閣の藤山愛一郎外務大臣と密談し、「砂川事件」を、最高裁判所に「跳躍上告」するよう提起した（マッカーサー米駐日大使発でアメリカ国務省が一九五九年三月三一日午前一時一七分受信の「至急電報」。新原昭治氏によって発見されたもの。二〇〇八年四月三〇日付『しんぶん赤旗』)。

それを受けて、岸内閣は、過去一例しかなかった高等裁判所を飛び越しての「跳躍上告」に踏み切り、一九五九年四月三日、東京地方検察庁が上告した。

更に、マッカーサー米駐日大使は、「砂川事件」の担当裁判長となる田中耕太郎最高裁判所長官と密談し、「本件には優先権が与えられているが、日本の手続きでは審議が始まったあと、決定に到達するまでに少なくとも数ヵ月かかる」との言質を受け取った(マッカーサー米駐日大使発でアメリカ国務省が一九五九年四月二四日午前二時三五分受信の「電報」。同じく新原昭治氏が発見。同四月三〇日付『しんぶん赤旗』)。

当時、一九六〇年一月一九日に締結となる新しい「日米安保条約」への改定交渉を行っていた米日両国政権にとっては、何としても、至急に、「伊達判決」を潰す必要があった。

最高裁判所大法廷は、急いで、「砂川事件」を審理し、一九五九年一二月一六日、次のように判決した(『最高裁判所刑事判例集』第十三巻第十三号三二二五頁)。

(1)「本件安全保障条約」は、「主権国としてのわが国の存立の基礎に極めて重大な関係をもつ高度の政治性を有するものというべきであって、その内容が違憲なりや否やの法的判断は、その条約を締結した内閣およびこれを承認した国会の高度の政治的ないし自由裁量的判断と表裏をなす点がすくなくない。それ故、右違憲なりや否やの法的判断は、純司法的機能をその使命とする司法裁判所の審査には、原則としてなじまない性質のものであり、従って、一見極めて明白に違憲無効であると認められない限りは、裁判所の司法審査権の範囲外のものであって、それは第一次的には、右条約の締結権を有する内閣およびこれに対して承認権を有する国会の判断に従うべく、最終的には、主権を有する国民の政治的批判に委ねられるべきものであると解するを相当とする。そして、このことは、本件安全保障条約またはこれに基づく政府の行為の違憲なりや否やが、本件のように前提問題となっている場合であると否とにかかわらないのである」。

（2）駐留アメリカ合衆国軍隊は、「外国軍隊であって、わが国自体の戦力でない」し、「わが国がその主体となってあたかも自国の軍隊に対すると同様の指揮権、管理権を有するものでないことが明らかである」。その駐留の「目的は、専らわが国およびわが国を含めた極東の平和と安全を維持し、再び戦争の惨禍が起らないようにすることに存し、わが国がその駐留を許容したのは、わが国の防衛力の不足を、平和を愛好する諸国民の公正と信義に信頼して補おうとしたものに外ならないことが窺えるのである」。「果してしからば、かようなアメリカ合衆国軍隊の駐留は、憲法九条、九八条二項および前文の趣旨に適合こそすれ、これらの条章に反して違憲無効であることが一見極めて明白であるとは、到底認められない」。

（3）「原判決が、アメリカ合衆国軍隊の駐留が憲法第九条第二項前段に違反し許すべからざるものと判断したのは、裁判所の司法審査権の範囲を逸脱し同条項および憲法前文の解釈を誤ったものであり、従って、これを前提として本件刑事特別法二条を違憲無効としたことも失当であって」、「原判決は」、「破棄を免かれない」。

最高裁判所は、この判決において、⑴「第九条」に対する「軍隊」の優越、また、⑵「基本的人権」に対する「軍事」の優越の立場に立ち、ⓐ軍隊による「平和主義」、及び、ⓑ軍隊と戦争による基本的人権の制約を伴う「平和主義」に固執した。

それればかりでなく、『統治行為』理論（高度の政治性を有するものは裁判の対象にしないとする考え方）を用いて、「日米安保条約」を法廷で検討する道を遮断し、「日米安保条約」の本質を闇の中に封印してしまった。

例えば、最高裁判所は、「横田基地騒音公害訴訟」で、在日米軍機の離着陸等の差止めの請求に対して、「関係条約及び国内法令に」、米軍機の飛行を制限できる「特段の定めはない」から、「本件差止請求は」、「棄却を免れない」という態度を取っている（一九九三年二月二五日、第一小法廷判決、『判例時報』第一四五六号五三頁）。

かくして、在日米軍の横暴は、野放し状態となっている。

2 世界一凶暴な「軍事条約」となった「日米安保条約」

「砂川事件」とそれに伴う二つの判決の母体である「日本国とアメリカ合衆国との間の安全保障条約」は、一九六〇年に改定されて、「日本国とアメリカ合衆国との間の相互協力及び安全保障条約」（一九六〇年一月一九日締結・一九六〇年六月二三日発効、「一九六〇年日米安保条約」と略す）となった。

「一九六〇年日米安保条約」の主な内容は、次の通りである。

⑴日本のアメリカへの経済協力（第二条）、⑵日本の軍事力増強（「軍拡」）の義務付け（第三条）、⑶日本国と在日米軍基地が攻撃を受けたら、アメリカと日本は共同で戦争を行う、その場合には、国際連合・安全保障理事会に報告する（第五条）、⑷日本の米軍基地設置義務（第六条）、⑸「一九六〇年日米安保条約」の対象範囲は「極東」（第六条）、⑹在日米軍の取り扱いは、別個の協定及び取極で定める（第六条）、⑺「一九六〇年日米安保条約」の終了は、一九七〇年以降からは、日米両国からの一方的通告で成立する（第一〇条）。

現在の「日米安保条約」は、「一九六〇年日米安保条約」を基礎にして、それに次の三つの要素が加わって、形成されている。

一つ目の要素は、一九九六年四月一七日成立の「日米安全保障共同宣言――二一世紀に向けての同盟」（橋本龍太郎・日本国内閣総理大臣とクリントン・アメリカ合衆国大統領の署名）である。

この「日米安全保障共同宣言」は、⑴「日米安保条約」の対象範囲を、「極東」から、原則として、「アジア太平洋地域」（場合によっては、「全世界」）に拡張する、⑵日本周辺地域で、日本の平和と安全に重要な影響を与える事態（周辺事態）が生じたら、日本とアメリカは、自国への攻撃がなくても、共同で戦争をするを新設する、⑶その戦争の方法は、新しい「ガイドライン」で定める（一九七八年一一月二七日作成の「日米防衛協力のための指針」を見直す）、などを内容としている。

二つ目の要素は、一九九七年九月二三日作成の「日米防衛協力のための指針（ガイドライン）」である。この「一九九七年ガイドライン」は、二つの戦争の方法を定めている。

第一は、「日本に対する武力攻撃がなされた場合」の戦争の方法である。

この戦争の方法は、⑴アメリカの判断で、日本に対する武力攻撃（日本と在日米軍に対する武力攻撃）が生じたとされた場合、⑵日本国内とその周辺海空域で、アメリカ主導で、アメリカ軍と自衛隊が共同で「戦闘」（人を殺害し、建造物を破壊する行為）を行う、⑶アメリカ軍と自衛隊は、相互に「後方支援」（物品・役務・施設・情報などの提供、戦闘参加者の捜索・救助など）を行う、などである。

第二は、「周辺事態が生じた場合」の戦争の方法である。

この戦争の方法は、⑴「アジア太平洋地域」（場合によっては、「全世界」）で「周辺事態」が生じたというアメリカの恣意的判断（日本は判断しない）で、⑵日本とアメリカへの攻撃がなくても、⑶アメリカ主導で、日本とアメリカは、共同で「戦争」を行う、⑷その場合、日本は、日本列島全体をアメリカの基地にして、アメリカの「後方支援」を行う、などである。

三つ目の要素は、二〇〇六年六月二九日に発表された日米両国首脳（小泉純一郎・日本国内閣総理大臣とブッシュ・アメリカ合衆国大統領）の合意文書――「新世紀の日米同盟」である。

この「新世紀の日米同盟」は、⑴「日米安保条約」の対象範囲を、「地球的規模」に拡張する、⑵NATO（北大西洋条約機構）と「日米安保条約」を結合する（二〇〇六年一一月二九日のラトビア・リガ市でのブッシュ大統領の演説）、⑶二国間経済関係を更に深化させる・世界の経済問題に関する協力を強化する、などを内容としている。

こうして、現在の「日米安保条約」――「二〇〇六年日米安保条約」は、全世界で侵略戦争を展開する米国至上主義型米日核軍事同盟を成立させ、世界一凶暴な「軍事条約」となった。

3　私達の課題

「日米安保条約」は、世界中で侵略戦争を行う世界一凶暴な「軍事条約」となったのに、最高裁判所の「日米安保条約」に対する『統治行為』理論は、依然として生きている。

平和主義や民主主義の発展の観点、あるいは、「日米安保条約」が軍事性を強化させてきた観点を踏まえれば、今日、世界一凶暴な「軍事条約」となった「日米安保条約」とそれに基づく在日米軍の横暴を野放しにしている『統治行為』理論は、正当性を有するのであろうか。

民主主義の発展を踏まえれば、二一世紀の今日、主権者国民が触れることができない（問題とすることができない）政治問題など、ありえない。また、裁判の役割とその対象の拡大化が求められている今日、裁判所が判断を留保すべきとされる政治問題など、ありえない。

それに、憲法に基づいて政治が行われる「立憲主義」が発展している今日、憲法の統制を超越する（違憲審査権の及ばない）政治問題の存在を認めることは、「立憲主義」を否定することになり、憲法無視の「権力主義」の横行を容認することになるから、許されない。

続いて、平和主義の発展を踏まえれば、二一世紀の今日、軍隊の横暴や立法権・行政権の戦争衝動を抑制することが、平和主義に関する司法権の役割であるから、裁判所が、軍事の分野に違憲審査権の及ばない「聖域」を認めることは、許されない。

以上のような見地を拓くことができるとするならば、私達の課題は、この見地に立脚して、裁判所に、「日米安保条約」に対する『統治行為』理論を放棄させて、「日米安保条約」を法廷で自由に検討できるようにする試みを実行することである。

併せて、法規範作成技術が発展している今日、「一見極めて明白に違憲無効」と認められる条約等の法規範などほとんどありえないから、裁判所に、「一見極めて明白違憲」理論を放棄させる試みを実行することも、私達の課題となる。

19　「核の傘」と日米安保からの脱却

中村　桂子

安保条約改定から五〇年という節目の二〇一〇年、日本の安全保障のあるべき姿がさまざまに議論されてきた。私たちがしばしば耳にする「核の傘」についても、その意味するところを正面から問う好機ではないだろうか。

日本政府は長年、米国が提供する「核の傘」に対するゆるぎない「信奉」を示してきた。被爆国として「非核三原則」の堅持を内外に表明し、国際的な核軍縮努力においてリーダーシップを発揮する。その一方で国の安全保障は「核の傘」によって担保してゆく――。こうした二つの政策のあいだに何の矛盾もない、と日本政府は繰り返し説明してきた。

二〇一〇年八月六日の「原爆の日」には象徴的な出来事があった。広島を訪れた菅直人首相が記者会見で、「広島や長崎の惨禍を二度と繰り返してはならないという核軍縮への強い思いは共通している。しかし、国際社会では、核兵器をはじめとする大量破壊兵器の拡散の現実もあり、わが国にとって核抑止力は引き続き必要だ」と述べたのである。先だって行われた平和宣言の中で、広島市の秋葉忠利市長が、日本政府に「核の傘」からの離脱を求めたことについての反応であった。さらに同日、岡田克也外相（当時）も、朝鮮民主主義人民共和国（北朝鮮）、ロシア、中国の脅威を指摘した上で、「米国の核の傘なくして、日本国民の安全を確保することは、私は極めて困難だと思っている」と記者団を前に語り、核抑止力の必要性を強調した。

●「核の傘」依存国

米オバマ政権の誕生を契機に生まれた核兵器廃絶への世界的気運は、こうした〈被爆国〉日本の抱える根本的矛盾をあらためて浮き彫りにしてきた。当然のことながら、「核兵器のない世界」を実現するにあたって、第一義的な責任は「核を持つ国」にある。しかし、後述するような北東アジアの核問題をはじめ、現存する多くの困難の解決に向けた鍵を握るのは、むしろ日本のような「核の傘」依存国ではないかと思う。これら依存国は確かに自らは核兵器を保有していない。しかし「自国の安全を守るためには核兵器が必要」との明確な認識に立った政策を打ち出している点において、その思考は核保有国と軌を一にしている。

「核兵器がなければ安全は守れない」「核兵器には特別の役割がある」という旧態依然の思考から日本が一歩抜け出すことができれば、それは間違いなく「核兵器のない世界」に向けた潮流に強い説得力を与えるであろう。二〇〇九年九月の核軍縮・不拡散に関する安保理サミットでの鳩山首相（当時）の言葉を借りれば、「被爆国としての道義的責任」を果たすことに繋がるものである。

核保有国が自国の政策を正当化する際、常に二つの理由（①自国の安全保障のため、②同盟国への安全供与のため）を挙げていることを指摘しておきたい。この点は、核使用国としての米国の「行動する道義的責任」に言及して世界中の注目を浴びた二〇〇九年四月のオバマ大統領によるプラハ演説も同様である。「米国は核兵器のない世界の平和と安全を追求する」という公約を再確認したプラハ演説は、同時に「核兵器のない世界」への道のりの困難さも明確に示すものであった。演説は次のように述べる。「核兵器が存在する限り、米国はいかなる敵をも抑止できる安全、安心で効果的な核兵器保有を継続する。また……我々の同盟国に対する防衛を保証する」。

しかしこれを逆にとれば、「核の傘」下にある同盟国が強いカードを持っていることを意味する。つまり、もし同盟国の側から、「核兵器による安全の供与は不要である」との強い要求が出されれば、核保有正当化の一端を崩すことになるからだ。

事実、こうした「核の傘」依存国がその姿勢を変えぬまま核軍縮を訴えることの根本的矛盾を指摘し、その弊害を警告する声はますます高まっている。二〇一〇年八月六日の広島での平和式典に初参列した潘基文（パンギムン）国連事務総長が、核抑止への終わりなき依存を「安全保障の妄想」と一蹴し、「現実の世界に生きようではないか」と呼びかけたことはその一例である。

●六八年の佐藤答弁以来

歴史を振り返ってみよう。日本の核政策として、米国の「核の傘」への依存が明言されたのは、一九六八年一月三〇日の第五八回衆議院本会議での佐藤栄作首相の答弁であった。六四年の中国による核実験の実施、核不拡散条約（ＮＰＴ）の条約署名、沖縄返還交渉の問題などを受け、国内外から日本の核政策の明確化を求める圧力が高まっていたことが背景にある。

佐藤答弁に述べられた以下の四項目が、現在まで日本の核の基本政策とされている。

「第一は核兵器の開発、これは行なわない。また核兵器の持ち込み、これも許さない。また、これを保持しない。いわゆる非核三原則でございます。（中略）

第二は、核兵器による悲惨な体験を持つ日本国民は、核兵器の廃棄、絶滅を念願しております。しかし、現実問題としてはそれがすぐ実現できないために、当面は実行可能なところから、核軍縮の点にわれわれは力を注ぐつもりでございます。（中略）

第三に、平和憲法のたてまえもありますが、私どもは、通常兵器による侵略に対しては自主防衛の力を堅持する。国際的な核の脅威に対しましては、わが国の安全保障については、引き続いて日米安全保障条約に基づくアメリカの核抑止力に依存する。（中略）

第四に、核エネルギーの平和利用は、最重点国策として全力をあげてこれに取り組む。（後略）」

このように、「核の傘」依存は、当初から核軍縮政策とセットで語られてきた。現在の日本の防衛政策の基本文書である二〇〇四年の「防衛計画の大綱」はこの点について次のように明記している。

「核兵器の脅威に対しては、米国の核抑止力に依存する。同時に、核兵器のない世界を目指した現実的・漸進的な核軍縮・不拡散の取組において積極的な役割を果たすものとする。また、その他の大量破壊兵器やミサイル等の運搬手段に関する軍縮及び拡散防止のための国際的な取組にも積極的な役割を果たしていく。」

●核の先制不使用

米国の「核の傘」の下で、日本は安全と繁栄を享受してきた――。当たり前のように繰り返されてきた言い回しであるが、実際に「核の傘」とは何なのか、その中身や信憑性について公然と議論が行われてきたことはほとんどない。むしろ、米国がとり続ける核政策の戦略的あいまいさ、不明瞭さこそが抑止力であるという認識が持たれてきた。

こうしたなか、「核兵器のない世界」を掲げたオバマ政権が誕生し、具体的な核軍縮措置が進められていくと、「核の傘」の弱体化を警戒する声が日本の保守層から強まっていった。多くは観念的な議論の域を出なかったが、いくつかの個別論点も焦点化した。その一つが、先制不使用の問題である。

前述の「防衛計画の大綱」においては、「核兵器の脅威に対しては、米国の核抑止力に依存する」と書かれている。しかし実際のところ日本政府は、北朝鮮の生物、化学兵器や中国の通常兵器などを念頭に、核兵器の使用のみならず、生物、化学、通常兵器に対する抑止としても米国の「核の傘」が有効であるとの考え方を示してきた。言い換えれば、相手が先に核兵器を使わずとも、核兵器による反撃を行うというオプション（＝核先制使用）をチラつかせ、生物兵器等の使用を思いとどまらせる、というものである。このように核兵器の「役割」を広く認めることは、核兵器廃絶への道をいっそう遠のかせる。たとえば北朝鮮が核放棄を行ったところで、他の大量破壊兵器と通常兵器の脅威が存在する限り、日本は「核の傘」を要求し続けることになるからだ。

二〇一〇年四月に発表された米政策文書「核態勢の見直し」（ＮＰＲ）の策定過程で、米国が先制不使用政策を採用するか（あるいは核兵器保有の目的は核に対する抑止のみとの宣言（＝「唯一の目的」宣言）を行うか）が最大の争点になった。結果的にはNPRにそうした政策が盛り込まれることはなかった。日本の外務・防衛官僚からはさまざまな形で先制不使用を採用しないよう米側に要請や圧力があったと伝えられる。

これに関連して、二〇一〇年二月、二〇四名の日本の超党派国会議員が、米国が「唯一の目的」を宣言しても日本が核武装することはない、との主旨でオバマ大統領宛て書簡を送ったことは画期的な取組みであった。米国においては、「核の傘」の供与が日本をはじめ同盟国の核武装を抑えている、という考え方が根強く、米国の核軍縮努力を妨げる一要素となっている。この書簡は、こうした米側の疑念を払しょくし、核軍縮努力を後押しすべく作成されたものであった。

野党時代に先制不使用政策への明確な支持を表明していた岡田前外相は、トーンダウンはしているものの、先制不使用あるいは「唯一の目的」に「強い関心」を示し、「今後米国との議論を深めたい」と述べていた。しかし、日本政府の公式の立場に未だ変化はない。

●NPT再検討会議

二〇一〇年五月にニューヨークで行われたNPT再検討会議に向けては、核兵器を全面的に禁止する法的枠組み、とりわけ「核兵器禁止条約」の必要性をめぐる議論が活発化した。あわせて、その実現に向けた最大の障害が、核兵器依存国にはびこる「核抑止論」であることも繰り返し指摘されたことにも注目したい。

たとえば、日豪政府の主導による賢人会議「核不拡散・核軍縮に関する国際委員会」（ＩＣＮＮＤ）は、二〇〇九年一二月に発表した最終報告書の中で、核兵器廃絶に向けては核兵器の役割や有用性に対する認識を変えることが不可欠であると訴えた。さらに同報告書は、「核兵器は大国間の戦争を抑止する」「核兵器は化学、生物兵器攻撃を抑止する」「核兵器はテロ攻撃を抑止する」など核抑止を正当化する言説を挙げ、一つ一つに批判的分析を行った。

また、再検討会議においては、これまで伝統的に核依存政策に反対姿勢を示してきた非同盟諸国に加え、いくつかの国の積極姿勢が注目を集めた。核抑止論を系統的に批判した上で、「核兵器は役立たずであり、非道徳的で、違法である」と断言し、人道的見地から核兵器の全面禁止を訴えたスイスはその一例である。

「核の傘」堅持を主張し続ける日本政府の姿勢はこの潮流に逆行している。「核兵器禁止条約」につながる多国間交渉を開始しようとの国連決議にも例年棄権票を投じ続けている日本政府は、全面禁止に向けた動きに対し、「時期尚早」であるとの説明を繰り返してきた。

核保有国や核依存国の抵抗による文言のトーンダウンはあったものの、再検討会議の最終合意文書は、ＮＰＴの文脈においてはじめて「核兵器禁止条約」に言及したものとなった。全会一致の行動勧告部分には、次の一節が盛り込まれている。

「……会議は、核兵器のない世界を実現、維持する上で必要な枠組みを確立すべく、すべての加盟国が特別な努力を払うことの必要性を強調する。会議は、国連事務総長による核軍縮のための五項目提案、とりわけ同提案が強固な検証システムに裏打ちされた、核兵器禁止条約についての交渉、あるいは相互に補強しあう別々の条約の枠組みに関する合意、の検討を提案したことに留意する。」

また、最終合意文書は、核兵器の非人道性に言及し、すべての加盟国が「国際人道法を遵守」する必要性についても初めて明記した。これらの文言を足がかりにし、日本が被爆国の立場から「核兵器は恥ずべきもの、違法なもの」との国際的な規範意識の形成をリードしてゆく好機が訪れていると言えるだろう。

●北東アジアにおいて

抑止論を超えるために、日本政府がまず率先してとりうるアプローチの一つが、北東アジアにおいて「核の傘」に依存しない安全保障メカニズムを構築してゆくことである。

冷戦が終結して二〇年以上が経つ今も、私たちの住む北東アジアの地においては、冷戦構造そのままに、各国間の根深い不信と対立、そして軍拡という悪循環がとめどなく続いている。言うまでもなく、それは単に北朝鮮の保有核だけを意味するのではない。核をめぐるこの地の根深い対立構造にメスを入れるためには、日本や韓国といった「核の傘」依存を続ける国々を含め、地域全体で核兵器に対する、ひいては「いかに私たちの安全を守るか」に対する、そもそもの考え方が転換されてゆく必要がある。

「安全保障のジレンマ」という言葉がある。ある国が他国の軍事力に一定の脅威を感じているとしよう。そこから自由になり安全を得ようと、もしその国が自国の軍備拡大、あるいは大国との軍事同盟の強化に進めば、それは他国の不信を増大させ、さらなる軍拡をもたらす。結果的に自国に対する脅威は減るどころか増えている、という終わりなき「負のスパイラル」を意味する。この冷戦構造は、そのまま北東アジアに当てはめることができる。多くの人々が北朝鮮のミサイルや核開発が地域の不安定要因であると認識している。しかしその「脅威」に対して、米国への核依存を基礎に自国の平和と安全を得ようとの安全保障政策をとり続ければ、相手が同じ論理で核武装を進めることを阻止できない。

もちろん北朝鮮の側に誠実な態度が求められることは言うまでもない。しかし六ヵ国協議の構造、すなわち北朝鮮以外の五ヵ国――「核保有国」である米ロ中と「核依存国」である日韓――のいずれもが核兵器を国家安全保障の中枢に据えた国々であり、それらが一国に核放棄を迫っているという根本的な構造の限界から目を逸らせてはならないだろう。現在の六ヵ国協議の枠組みを正常に機能させ、持続的な解決を導くためには、北朝鮮の不満や不信の元にあるものを見極め、安心して核放棄にむかえる環境を作る努力が不可欠である。その基盤に据えられるべきは、「核兵器は誰であろうと持っても、使ってもならない」という公正さに基づくアプローチであろう。日韓両国が核依存からの脱却を掲げ、北朝鮮に核保有を正当化させない姿勢を示すことは、事態打開の大きなステップとなる。

●非核兵器地帯

でも、と反論の声が聞こえてきそうである。核兵器がなくなるのは望ましい、しかし「核の傘」が

図7　五つの非核兵器地帯

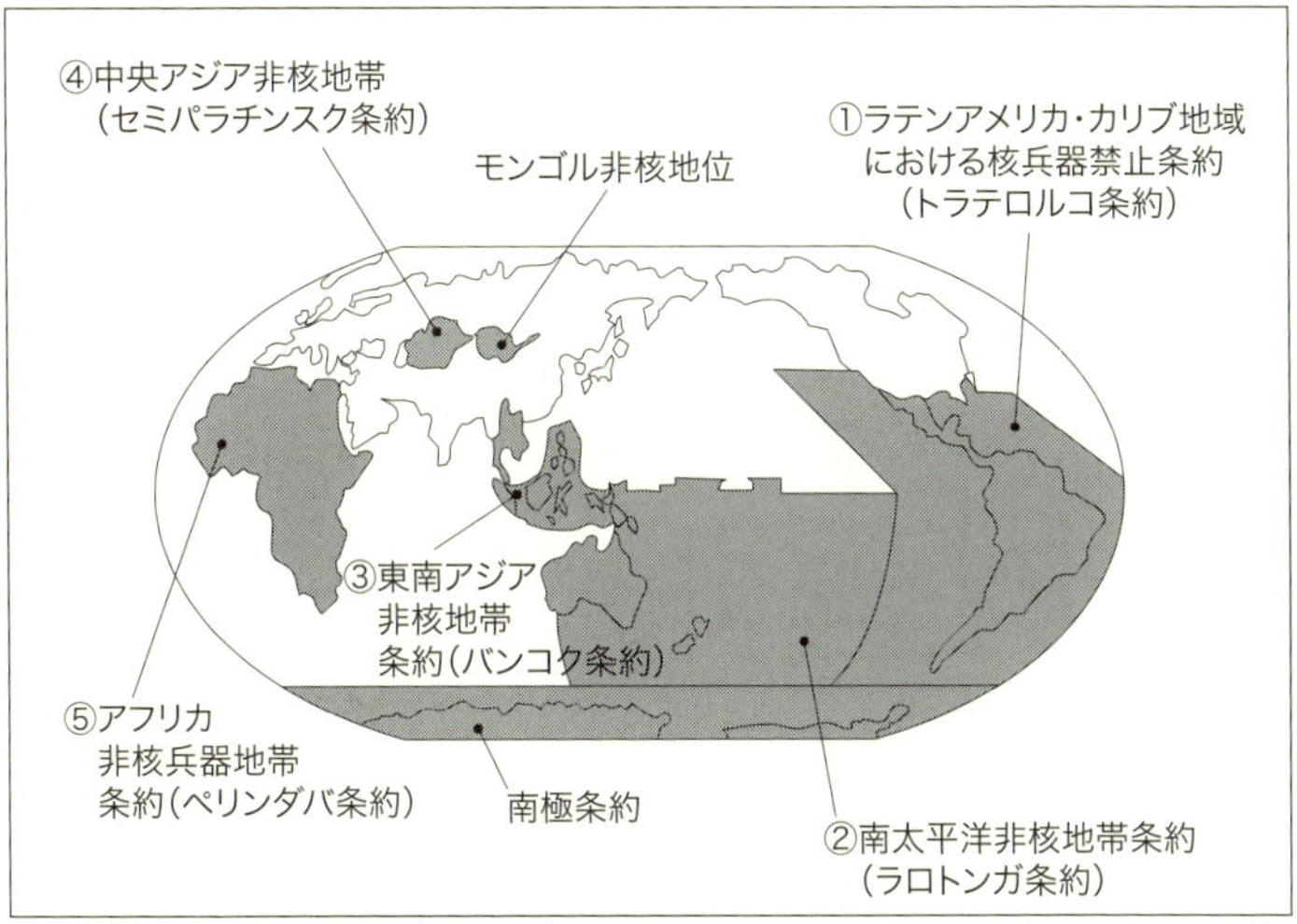

なくてはやはり日本の安全は脅かされるのではないか、と。こうした不安に対する一つの回答が「非核兵器地帯」構想である。

　非核兵器地帯という考え方は、それ自体けっして目新しいものではない。世界にはすでに五つの非核兵器地帯（①ラテンアメリカ・カリブ地域、②南太平洋、③東南アジア、④中央アジア、⑤アフリカ）が存在し、南半球の陸地はほぼすべて非核兵器地帯である。また、モンゴルは国連決議を通じて一国で非核兵器地帯の地位を獲得するというユニークな取組みを行っている（図7）。また、後述する北東アジア以外にも、中東、南アジア、東欧、北極などに新たな非核兵器地帯を広げてゆこうとの動きが進んでいる。

　現存する非核兵器地帯には、共通して三つの重要な要素がある。第一は、核兵器の不存在、つまり核兵器の製造、取得、配備などを禁止している点である。そして、さらに増して重要なのが、地帯内に含まれる国家に対する核攻撃やその威嚇を禁止するという第二の点である。これを「消極的安全保証」（ＮＳＡ）という。現存する非核兵器地帯条約では、条約付属文書としてＮＳＡの供与を明記した議定書が作成され、核兵器保有国が署名、批准する形がとられている。このＮＳＡが、非核兵器地帯が「非核の傘」と呼ばれる所以である。「安全保障のジレンマ」を生み出す「核の傘」ではなく、国際法に担保された形で「攻撃しない」という約束を核保有国からとりつけることを可能にするからだ。

残る一つの重要な要素が、条約の遵守を検証し、問題が生じた際に協議する機能を持った機構が創られることにある。条約加盟国間の相互不信や疑念を払しょくする制度が備わることで、非核兵器地帯は地域の脅威削減、信頼醸成に貢献し、持続的な平和と安定をもたらす枠組みとして機能するのである。

●北東アジア非核兵器地帯の構想

核をめぐる歴史的な不信と脅威が続く北東アジアにおいて、こうした非核兵器地帯の創設による恩恵はきわめて大きい。筆者が所属するピースデポが提唱してきたのが、「３＋３」の構造を持つ六ヵ国の非核兵器地帯構想である。日本と南北朝鮮の三ヵ国が地理的な非核兵器地帯を形成し、この地帯に深いかかわりを持つ核兵器国、すなわち米中ロの三ヵ国がＮＳＡの義務を負うというものだ。「３＋３構想」の利点の一つは、日本の非核三原則や原子力基本法、南北朝鮮の「朝鮮半島の非核化共同宣言」（九二年）といった既存の政策を基盤としている点にある。また、「３＋３」の参加国と重なる六ヵ国協議が、これまでの合意において、朝鮮半島の非核化を越えた北東アジアの「中長期的な平和と安定のメカニズム」構築の必要性を謳ってきたことも手掛かりとなる。

NSAおよび検証機能を持つ北東アジア非核兵器地帯の設立は、朝鮮半島の非核化に貢献するのみならず、より包括的に地域の緊張緩和に向けた突破口になることが期待される。

グローバルパワーの利害が地域国家を翻弄してきたこの地において、地域の市民・国家が主体的に地域安全保障の枠組みを構築し、それを大国も尊重せざるを得ない、という方向にベクトルを転換させることが求められている。地域の非核保有国の主導で「核兵器も、核の脅しも存在しない地域」を創設することは、「核の傘」が必然的に生み出す軍拡のスパイラルを止め、国際法の下で「共通の安全保障」を確保してゆく試みである。地域から核使用禁止の規範意識を生み出してゆくことにもつながる。

こうしたアプローチへの支持は市民社会、国家議員、自治体などにも拡大している。二〇〇八年八月には、民主党の核軍縮促進議員連盟（当時の会長は岡田克也氏）が「3＋3構想」に基づく「北東アジア非核兵器地帯条約案」を発表した。その後、この条約案はNPT再検討会議に並行してニューヨーク国連本部で行われたNGO主催ワークショップをはじめとするさまざまな国際会議の場で紹介され、議論されてきた。しかし、これはけっして特定の政党や国内に留まったことではない。

二〇一〇年五月のNPT再検討会議に向けては、核軍縮に関心を持つ国会議員の国際ネットワーク「核軍縮・不拡散議員連盟」（PNND）の日本支部、韓国支部の働きかけで、一〇〇名を超える日韓の超党派国会議員が北東アジア非核兵器地帯を支持する声明を発した。また、日本国内の約二六〇の非核宣言自治体が参加する「日本非核宣言自治体協議会」は、北東アジア非核兵器地帯構想を支持する総会決議等をたびたびあげるとともに、自治体向けパンフレットの作成など、推進に向けた具体的取組みを行っている。

言うまでもなく、日本の姿勢転換は政策決定者だけにゆだねられた問題ではない。二〇一〇年夏のＮＨＫの世論調査によれば、「日本の安全保障のためにアメリカの核の傘は必要か」の問いに対し、「少なくとも今は必要」との回答がほぼ半数を占めたという。「核の傘」で安全は守れる、という半世紀の呪縛から、まず一人ひとりが思考を自由にすることから始められるのではないだろうか。

20 世界は軍事同盟から脱却する

――築かれ始めた平和戦略――

川田　忠明

沖縄の普天間基地問題は、日本の平和と安全を何によってまもるのか、という根本的な問いをなげかけている。民主党政権が、同基地の閉鎖や撤去ではなく、あくまで移設に固執する理由として「抑止力の維持」と「日米同盟の堅持」をあげているように、その根底にあるのは、「抑止力」論と日米安保体制の是非である。この問題を、人類史的な方向性、国際的な関係性のなかで吟味することによって、真に現実的で、有効な平和戦略と、その実現・推進をめざす運動の課題があきらかとなる。

1　「軍事力による平和」からの脱却が歴史の発展方向

わが国の最高法規は、「平和を愛する諸国民の公正と信義に信頼して、われらの安全と生存を保持しようと決意した」（日本国憲法・前文）とうたい、「国権の発動たる戦争と、武力による威嚇又は武力の行使」を永久に放棄し、戦力の不保持と交戦権の否定によって、これを担保している（第九条）。これは「平和を愛する諸国民の公正と信義」という、いわば国際的な規範に依拠して、自国の平和と安全を実現しようとするものであり、軍事力による防衛という「伝統的思想」を否定した画期的な内容である。

人類最古の戦争の記録は、紀元前一万年から五千年に現れるが、その後の歴史は、紆余曲折をへて、その規制と抑止、さらには違法化、根絶という方向ですすんできた。ヨーロッパではキケロ（紀元前一〇六年〜四三年）からグロティウス（一五八三年〜一六四五年）に至るまで、戦争を律するルールづくりがはかられ、ハーグ平和会議（一八九八年）に代表される戦時国際法の確立にいたる。第一次世界大戦をへて、人類は史上はじめて戦争を違法と規定する国際機構＝国際連盟を発足させる（一九二〇年）。さらに、国際紛争を解決する手段としての戦争を放棄し、紛争の平和的解決を規定した不戦条約（「戦争抛棄ニ関スル条約」）が締結される（一九二八年）。二〇世紀前半のこれらの進展が、反戦平和運動とその国際連帯の本格的な誕生・発展と軌を一つにしていることは偶然ではない。

こうして「産声」を上げた戦争違法化の流れは、第二次世界大戦という巨大な犠牲のうえに、世界政治の新たな規範となる。「一生のうちに二度まで言語に絶する悲哀を人類に与えた戦争の惨害から将来の世代を救い」「国際の平和及び安全を維持するためにわれらの力を合わせる」（国際連合憲章）ことを決意した「連合国の人民」は、平和実現の実効力をそなえた国際連合を誕生させた（一九四五年）。国連憲章の諸原則が、諸国人民の反ファシズムのたたかいを背景にしたものであることを忘れてはならない。日本国憲法の平和原則はまさに、この人類史的な努力のひとつの成果である。

国連創設以降も大国の横暴などによって、いくたの戦争、武力紛争がくりかえされてきた。しかしそのなかでも、軍事力によらない安全保障への前進があることを見落としてはならない。ベトナム戦争では有効な手段を講じることのできなかった国連も、イラク戦争には「お墨付き」を与えることを拒否し、国際的な反戦運動と共鳴して、平和の流れを発展させていった。それはやがてアメリカ、日本を含め、イラク戦争推進政権を次々に交代させた。また一九六〇年代に核独占体制の確立・強化を目的に結ばれた核兵器不拡散条約（NPT）も、再検討会議を含むその枠組みはいまや、核戦争反対、核兵器廃絶の世論結集の場として発展しつつある。

これらの変化を生み出してきたのが、平和と正義を求める人民の世論と運動、そして、これと呼応した諸国政府の国際レベルでの共同であった。歴史の発展方向が、軍事力によらない平和の構築、軍事的「抑止力」論からの脱却にあることは明瞭である。

2　軍事同盟の消滅と地域共同体の拡大

「敵国」を想定し、それを軍事力で排除するために共同する軍事同盟が、こうした非軍事の方向性と相容れないのは当然である。国連憲章にもとづく世界秩序がいまだ実現されていないもとでも、軍事同盟・軍事ブロックとは本質的に異なる多国間の枠組みが、地域レベルで発展している。

●中南米――世界最大の平和共同体へ

二〇一〇年二月、中南米カリブ海諸国の「統一首脳会議（サミット）」（メキシコ、カンクン）は、アメリカ大陸における新たな地域機構「中南米カリブ海諸国共同体」の設立を決定した。アメリカのマスコミは「米国ぬきの一大ブロックの形成」などと報じたが、これは反米同盟でも、新たな軍事ブロックでもない。それは、「紛争の平和的解決、領土保全と内政不干渉」「公正、平等で、調和のとれた国際秩序」「威嚇と侵略、圧力を受けずに……政治体制を建設する権利」（憲章）をうたった平和共同体である。

二〇世紀末まで中南米は、米州機構（米大陸全三五ヵ国加盟、一九五一年発足）と米州共同防衛条約（「リオ協定」、一九四七年調印）の二つの柱に縛り付けられたアメリカの勢力圏＝「裏庭」だった。キューバ革命（一九五九年）への武力介入、社会主義政権樹立阻止を目的にしたドミニカ共和国内戦への介入（一九六五年）、チリのアジェンダ政権にたいするクーデターと親米ピノチェト独裁体制の確立（一九七三年）など、米国は露骨な干渉と介入をおこなってきた。

しかし、二〇世紀末から対米自主路線をとる左派政権がつぎつぎと誕生するなかで、米国が支配の梃子としてきた軍事同盟は事実上機能しなくなっていき、代わって登場したのが、平和と友好、協力を基調とする地域共同体であった。

こうした方向は、この地域の緊張緩和にとっても重要な意味をもった。例えば、七〇年代に軍事的な緊張関係にあったブラジルとアルゼンチンは、それぞれが核兵器開発計画をすすめていたが、両国は一九九〇年一一月、核兵器の生産と実験を禁じる共同宣言を行い、一九九八年にはトラテロルコ条約（ラテンアメリカ非核化条約）を批准した。地域協力と統合の推進のなかで、国家生存の脅威となる軍事緊張が消滅し、両国は非核の流れに合流することにより多くの利益と安全を見出したのである。

中南米の変化の根底にあるのは、市民運動の発展である。九〇年代には新自由主義政策に反対する国民的な運動が各国で発展した。エクアドルでは、粘り強い反基地運動を背景に、米軍マンタ基地が撤去（二〇〇九年）され、新憲法（二〇〇八年）は、外国軍事基地設置の禁止（第五条）をうたった。また、ブラジルでの社会フォーラムの開催など、この地域の社会運動の発展にはめざましいものがある。

●ヨーロッパ――EUの多国間主義とNATO

米戦略とヨーロッパ諸国を結ぶ軍事同盟＝北大西洋条約機構（NATO）は、世界最大の軍事機構である。三つの核保有国を含む二八ヵ国が参加し、その軍事費は、世界の六四％（二〇〇八年）に達する。しかし、仏独がイラク戦争に反対し、二〇一〇年二月にはベルギーやドイツなど五ヵ国がヨーロッパに配備されている米国の戦術核兵器の撤去を要求するなど、アメリカとの亀裂が深まっている。アフガニスタンでの作戦をめぐっても、民生分野での支援強化を強調するなど、軍事力による問題解決の限界と矛盾に対する認識も広がりつつある。

NATOがアメリカの単独行動主義への批判を契機に矛盾を深める一方、多国間主義にもとづく地域協力の発展がある。ヨーロッパ連合（EU）は、域内の平和と協調、多国間主義を基調とし、国連憲章を基本原則とした地域共同体として構想されてきた。EUの安全保障戦略『よりよい世界における安全なヨーロッパ』（二〇〇三年）も「国際関係の基本的枠組みは国連憲章である」と規定している。EUは軍事力を問題解決手段の一つとして認めているが、軍事同盟とは異なる枠組みである。

ヨーロッパは、二度の世界大戦の発火点となってきたばかりでなく、中世以降、世界でも長年にわたって戦争をくりかえしてきた地域である。そのことを考えるならば、EU域内での武力衝突の可能性がほとんどなくなっていることは、歴史的に重要な到達だといえる。ユーゴ空爆（一九九九年）、アフガン派兵（二〇〇〇年）などの軍事介入政策を清算するならば、世界の新しい平和秩序の形成にとっても重要な役割をはたしうるだろう。

●アフリカ連合

アフリカ大陸は旧宗主国の干渉と介入が地域紛争の要因ともなってきたが、ここでも地域共同体が成果をあげつつある。アフリカ統一機構（OAU、一九六三年発足）は、植民地主義の残滓とアパルトヘイトに対する共同したたたかいを背景として誕生した。アパルトヘイト政権の終焉を節目として、OAUは平和と自主的発展をめざすアフリカ連合（AU、二〇〇二年発足）へと発展する。

AUは「平和・安全保障委員会」を設置して紛争解決につとめ、「九〇年代初めから武力紛争の終息数が急増している」と報告されている。秘密裏に製造した核兵器を破棄した南アフリカが先頭にたって、アフリカ非核地帯（ペリンダバ条約、一九九六年調印、二〇〇九年発効）が実現したことも教訓的である。

3　アジアにおける軍事同盟の衰退と安全保障の枠組み

アジアでも軍事同盟の歴史的衰退と平和共同体の前進は明瞭である。アラブ諸国を親米陣営に取り込むためにつくられた中央条約機構（CENTO、一九五五年発足。イラク、トルコ、パキスタン、イラン、イギリス。アメリカはオブザーバー）は、一九七九年のイラン革命で親米政権が倒されたのを契機に解体された。東南アジア条約機構（SEATO、一九五四年発足。オーストラリア、フランス、イギリス、ニュージーランド、パキスタン、フィリピン、タイ、アメリカ）は、インドシナ半島からのフランス撤退後、「共産主義の拡大」に対抗するために作られたが、ベトナム戦争では、フランス、フィリピンが機構としての介入に反対し、アメリカがベトナムから撤退した一九七三年にパキスタンが、翌七四年にはフランスが脱退し、一九七七年に解散した。いずれの軍事同盟も、アメリカ覇権主義の支配にたいする人民のたたかいの勝利によって消滅したのである。

太平洋安全保障条約（ANZUS、一九五一年）は、太平洋地域における反共のとりでとして、アメリカとオーストラリア、ニュージーランドの間で結ばれたが、南太平洋非核地帯条約（ラロトンガ条約）に加盟したニュージーランドが一九八五年、核兵器搭載艦艇の寄港を拒否したため、アメリカは同国への防衛義務を停止した。そのため現在では、米豪間の同盟だけが機能している。

いまや、この地域でアメリカ主導の軍事同盟として機能しているのは、日米安全保障条約（一九六〇年）、米韓相互防衛条約（一九五三年）と右記の米豪同盟だけである。

●ASEANの変容とARFの役割

その一方で、アジアの平和的な地域協力は、ベトナム戦争終結を前後して大きな発展をとげていく。

一九六七年に創設された東南アジア諸国連合（ASEAN）は、インドシナに広がりつつあった

「共産主義思想」の浸透を阻み、域内の安定を守ろうとする反共的特徴をもって出発した。しかし、ベトナム戦争の終結翌年（一九七六年）には、①独立、主権、②外国からの干渉拒否、③相互不干渉、④紛争平和解決、⑤武力行使放棄を基本原則とする東南アジア友好協力条約（ＴＡＣ）を締結し、平和原則にもとづく共同体を志向していく。

ソ連崩壊後には、アジアにおける初の安全保障対話の場として東南アジア諸国連合地域フォーラム（ＡＲＦ）が創設される（一九九四年）。ＡＲＦは、アジア・太平洋地域の安全保障問題に関する唯一の多国間協議の場である。ＡＳＥＡＮ一〇ヵ国と日中韓、米国、ロシア、欧州連合（ＥＵ）など二七ヵ国・機構で構成される（二〇一〇年一一月現在）。ＡＲＦは、強制力のある措置をともなわない、ゆるやかな協議機関ではあるが、（紛争）当事者が同じ席について、自由（非公式）に対話できることの意義は大きい。

例えばベトナム、フィリピン、マレーシア、ブルネイ、台湾、中国が領有権を主張する南沙（スプラトリー）群島をめぐっては、中国とベトナム両海軍の衝突（一九八八年）、フィリピンが領有権を主張する島への中国による建造物の構築（一九九五年）など、緊張が高まっていたが、ＡＲＦは、中国とＡＳＥＡＮとの協議をすすめ、二〇〇二年に「南シナ海行動宣言」を発表して、関係諸国に行動の自制を強く求めた。いまだ未解決の問題はあるものの、このイニシアチブ以降、フィリピンと中国が海底資源の共同探査で合意し（二〇〇四年）、ベトナムもこれに参加（二〇〇五年）するといった動きがうまれている。対立が武力衝突にエスカレートするのを阻む役割をはたしている点が重要だ。

普天間基地問題に関連して一部のマスコミが、フィリピンの米軍基地閉鎖後に中国が南沙群島に進出したと述べ、「抑止力」の重要性を主張したが、実際の経過は、これがいかに皮相な議論であるかを示している。

ARFにアメリカやEU、ロシアなどが加わっているように、ASEAN戦略の特徴は、世界的な協調のなかでアジアの平和と安全をめざしている点にある。一九九八年のASEAN外相会議が、東南アジア友好協力条約（TAC）の署名を世界に開放するという創造的な戦略を展開し、大きな成果をおさめたのはその好例である。TAC署名国は、五ヵ国から五二ヵ国に増え、四五億人、世界人口の六八％をカバーする地域に、平和のプラットフォームを提供している。

北朝鮮の核問題解決をめぐっても、六者協議をふくむ対話の再開とARFなど地域的枠組みへの北朝鮮の包含こそが、東アジアの平和環境確立への道である。六者協議を通じて、アメリカ、ロシアという大国がアジアの安全保障問題に建設的に関与する道筋がつけられるならば、アジアの域内協力にアメリカがどのように関与すべきかという議論にも決着がつけられるのではないだろうか。

●ASEAN共同体と「東アジア共同体」

ASEANは二〇一五年に、より統合されたASEAN共同体の実現をめざしている。その基礎となる憲章は、目的に「平和、安全と安定」「平和志向の価値増進」「非核地帯」「貧困の軽減と発展格差の縮小」をかかげ、「独立、主権、平等」「侵略、武力による威嚇とその行使を放棄」「紛争の平和的解決」「内政不干渉」「政府転覆・外部圧力の拒否」「外国軍事基地の禁止」を原則としている。

重要なことは、この共同体づくりが、市民社会の参加を重視していることである。同憲章は、「社会のあらゆる階層が参加し、利益をうる人民志向のASEANを促進する」（第一条一三項）としている。すでに二回にわたって政府代表と市民との対話フォーラムが開催され、ASEAN事務総長や各国閣僚も参加している。二〇〇九年一〇月の第二回フォーラムでは、市民側からは、経済、人権、民主主義とともに、軍縮や武力不行使、核兵器と大量破壊兵器の禁止などの要求をもりこんだ文書がASEAN側に提出された。

この政府と市民社会との共同は、まだはじまったばかりで、不協和音があることも事実だが、地域共同体づくりが、市民参加ですすめられようとしていることは重要である。それは世界の新しい平和秩序の確立が、政府の努力のみならず、「諸国民の不断の努力」が不可欠であることを示している。

4　軍事同盟からの離脱と平和潮流への合流

以上のことは、国連憲章にもとづくアジアの協力と共同の枠組みは、この地域の不安定要因や紛争を解決し、平和と安定を実現する有効な手段であることを示している。この流れへの参加が、長期的に日本の平和と安全を見通せる現実的な道である。徹底した平和原則を憲法にかかげる日本が、この平和的潮流の先頭にたつならば、それは地域と国際の平和秩序構築にとって大きな貢献となるだろう。また、核兵器廃絶で諸国政府との共同を前進させているわが国の原水爆禁止運動や、国際的な共感と支持をうけている憲法九条擁護の国民的運動は、市民社会と政府レベルの国際的な交流・共同を促進していくうえで大きな役割をはたすに違いない。

民主党政権が提唱した「東アジア共同体」は内容不鮮明のまま立ち消えになろうとしている。一方、いっそうはっきりしつつあるのは、この政権の基本路線が、「日米同盟を機軸」とし、安全保障を米軍のプレゼンスとその「核抑止力」に依拠するということである。だが仮想敵を想定した軍事同盟と、仮想敵をもたない共同体は、相容れない。実際、アジアの識者からもこの矛盾を指摘する声がある。「(日本に)防衛、安全保障で対米依存があるので、ASEANとしては日本と積極的に協力を強化していこうということについては躊躇がある」「対米依存から脱却しなければ、我々がどのような形で今後、安全保障の面で協力できるのか(中略)考えられない」(タイ安全保障問題研究所主任研究員、スジット・ブンボンカーン氏)。

わが国が、アジアの平和共同体に参加していくためには、日米軍事同盟から脱却し、真に対等で、友好的な日米関係を確立していく必要がある。国内では、安保条約の破棄をもとめる世論はまだ少数だが、普天間基地問題などを契機に、少なくとも安保体制の再検討が必要と感じている人々が多数をしめつつある。在日米軍や日米同盟のあり方まで視野にいれて、ひろい議論が展開されるならば、それは、日本とアジアの平和的な未来にとって重要な国民的体験となるに違いない。平和運動は、世界とアジアがつむぎ出しつつある、脱軍事同盟の新しい平和戦略を積極的に押し出しながら、平和要求の実現を阻む根源となっている日米軍事同盟の姿と、その世界でも例のない危険性、異常な従属性を告発していくことが求められている。

21　軍事同盟のないアジアと日本

水島　朝穂

はじめに――「安保」を考える「モノ」語りから

私の話は、いつも「モノ語り」で始まります。私が国内外から収集した「歴史グッズ」です。本日の最初の「モノ」は、アフガニスタン国際治安支援部隊（ＩＳＡＦ）の将校が携帯する軍用地図です（写真1、2）。濡れても大丈夫なように布で作られていて、アフガン全土の地名が詳細に記載されています。また、関連してこれは、ＩＳＡＦのカナダ軍兵士がかぶる帽子です。横にＩＳＡＦのロゴが入っています（写真1・左）。この六月二四日発表の数字によると（アフガン死者のデータはいろいろな数字がある。以下は、http://www.defenselink.mil/news/ による）、カナダ軍は二八三〇人を派兵して、これをかぶった一四八人が死亡しています。また、ドイツ軍は四三五〇人中、四三人が死んでいる。ドイツ軍は比較的安全とされるアフガン北部に展開し、カナダ軍は危険な南部に派兵しているため、死亡者はカナダがドイツの五倍以上です。こうした点は派兵諸国内でも矛盾点になっています。ちなみに死者は米兵が一番多く、一一四二人、次いで英国の三〇七人です。カナダは第三位です。

写真１　ISAF参加のカナダ軍の識別帽（左）、民間軍事会社「ブラックウォーター」の帽子（中）、陸上自衛隊中央即応集団の識別帽（右）。

写真２　ISAF の将校用軍事マップ。ドイツのアフガン帰還兵のPTSDに関する本（左）、右側の本の表紙は、アフガンでのドイツ軍戦死者。

また写真2の右側の本は、アフガンの現状についての生々しい分析で、いかにアフガンにおける真実が隠蔽されているかを述べたものです（J. Reichelt/ J. Meyer, Ruhet in Frieden, *Soldaten!* — *Wie Politik und Bundeswehr die Wahrheit über Afganistan vertüschten*, 2010, S.18.）。左側の本はドイツのアフガン帰還兵を分析した本です（U.S.Werner（Hrsg.）, *Kriegsheimkehrer der Bundeswehr* — *»Ich krieg mich nicht mehr unter Kontrolle«*, 2010, S.1-288.）。いずこも帰還兵のPTSD（心的外傷後ストレス障害）は深刻な問題で、ISAF派兵諸国も、ベトナム戦争における米国と同じ悩みを抱えてしまっている。

オバマ大統領は「テロとの戦い」の継続を主張していますが、参加各国の方は「ドン引き」（撤退）モードに入っている。すでにオランダは撤退し、カナダ、ポーランドと続きます。実はこのISAFは、北大西洋条約機構（NATO）の国々が担っています。NATOは軍事同盟です。今日のテーマは「日米安保改定五〇年」ですので、議論を軍事同盟の問題に絞りたいと思います。

1 「日米安保」は普通の軍事同盟ではない

菅直人首相は所信表明演説のなかで、「日米同盟は国際的な共有財産」という表現を使いました。これは「日米同盟は国際的公共財」の言い換えです。国際社会のなかで、日米の二ヵ国の軍事的関係を「公共財」と自分で言ってしまうおかしさはともかく、それを菅首相までが無批判に語る「現実主義」の頽廃はすさまじいものがあります。

●集団安全保障と集団的自衛権との違い

そもそも「同盟」(alliance)とは何か。一九世紀的な攻守同盟以来、自分が攻められていないのに、盟友のために一肌脱いで武力を行使する仕組み、つまり集団的自衛権システムです。これはNATO条約五条に見られるように、加盟国のいずれか一つに対する武力攻撃を、全加盟国に対する攻撃と見做して反撃するわけですが、自分が攻められていないのにそれが「自衛」と言えるのか。もともと集団的「自衛」権には根本的な疑問がありました。

国連が誕生したとき、冷戦が始まっていたこともあり、米国の思惑から、自衛権については「個別」と「集団」の二つが憲章五一条に挿入されました。集団安全保障は、相互に対立する国々も含めて、すべてその内に取り込み、そこでの加盟国の武力行使を一般的に否定して、違反国に対する最終的な力による制裁も、すべて国連安保理のもと、加盟国が共同して行うことになっていました。その例外として、厳格な基準のもとに自衛権が認められたにすぎないわけです。

他方、集団的自衛権は「仮想敵」の存在を前提として、それに対抗して「死活的利益」を共有する国々だけが「同盟」を結んで対抗する武力対決の仕組みです。ですから、集団的自衛権は、国連の集団安全保障の内側に仕掛けられた「異物」であり、それを内側から掘り崩す「癌細胞」のようなものです。集団安全保障と集団的自衛権とは、原理的にも実際的にも似て非なるものなのです。

●日米安保条約の不思議な設計

日米安保条約は表向き、集団的自衛権ではないという設計になっています。第五条を見ると、「日本国の施政の下にある領域における、いずれか一方に対する武力攻撃」に対して、日米が共同して対処すると書いてあります。日本国内の米国とは何か。それは在日米軍基地しかない。つまり、ハワイの米軍基地が攻撃されても、第五条に基づいて日本側に共同行動は義務づけられないわけです。在日米軍基地への攻撃は「日本国内の米国」への攻撃ですが、これは日本への直接攻撃と領域的に重なる。だから、個別的自衛権の範囲内にとどまるという理解です。普通のタイプの軍事同盟なら、集団的自衛権システムですから、そうした領域的限定はない。

こんな面倒くさいことをしたのは、憲法九条が存在したからです。一九五四年の政府解釈からすれば、憲法九条は自衛権を否定していないから、「自衛のための必要最小限度の実力」の保持・行使は認められる。とすると、日本の領域が攻撃されないのに反撃することは、「必要最小限度」を超えるという論理になります。

実は、新安保条約が調印される前年、東京地方裁判所が、旧安保条約に基づく米軍駐留を憲法九条に違反するとする判決を出しました（一九五九年三月三〇日「伊達判決」）。日本国憲法が想定する安全保障設計というのは、伊達判決によれば、国連による軍事的強制措置を最低線とする集団安全保障です。判決が軍事的強制措置についてやや楽観的な評価をしている点は、現在の憲法学の視点からすれば歴史性を感じるところですが、それはともかく、そうやって、安保条約は憲法九条との関係で深い原理的矛盾をずっと引きずってきたわけです。「普通の軍事同盟」とは異なる、第五条の規定の仕方の不思議さはそこからくるもので、「同盟」といいながら、「同盟」になりきれない。そのあたりを理解せず、メディアでは近年、おおらかに「日米同盟」という言葉が使われています。

歴代の首相たちも「日米同盟」という言葉を簡単には使えないできた。それが言われるようになったのは一九八〇年代。最初は鈴木善幸首相でした。レーガン大統領との日米共同声明（一九八一年五月）で言わされたのですが、実はその意味がよくわかっていなかった節がある。帰国後、鈴木首相が「同盟には軍事を含まず」と述べたため、立つ瀬がなくなった外務大臣が辞任したのは、三〇年も昔の話になりました。

鈴木首相が辞めて、中曾根康弘首相になると、今度は野放図な「日米同盟」路線が押し進められていきます。安保条約を集団的自衛権システムとして実質的に機能させる方向です。しかし、安保改定五〇年が経過するも、条文上の改定が行われていない点、憲法九条の存在のゆえに、完全な集団自衛権システムに完全に成りきれていないという点はおさえておく必要があります。だからこそ、冷戦後の「安保再定義」、日米安保共同宣言、二つのガイドライン（防衛協力のための指針）によって、安保条約を集団的自衛権行使の方向で機能させようとする試みが続いてきたわけです。「極東」から「アジア・太平洋地域」に対象領域を拡大することも、本来なら条約を改定して行われるべきものでした。

●安保条約改定の脆弱面

もともと半世紀前の安保改定そのものが異様でした。これは条約で、国と国との合意ですから、憲法上国会の承認は不可欠です。しかし、衆議院での強行採決、参議院での未審議。衆参両院の片方だけの承認という、憲法上、衆院の優越があるとはいえ、一国の安全保障の基本にかかわる重要事項について、「自然承認」という形で片肺飛行的な承認で出発したことはやはり大きな傷でした。国論は二分され、衆院の強行採決だけで無理やり承認された改定安保条約は、民主的正当性の面では脆弱性をもっている。それに加えて、半世紀にわたって、国会承認を受けずに、「安保再定義」によってザル運用されてきたわけです（詳しくは、水島朝穂「日米安保を根底から考え直す」、世界編集部編『日米安保Q＆A――「普天間問題」を考えるために』岩波ブックレット、二〇一〇年、六―一九頁）。国民は安保条約に賛成していると自明のように言われますが、実は憲法九条を絡めた根本的な議論をされると困るので、歴代政権がずっとなし崩し的でやってきたことは記憶しておくべきです。

2　冷戦後安保の変容の方向と内容

●距離軸と時間軸の変化

この冷戦後の「安保再定義」は、実は距離軸と時間軸で大きな変化があります（水島朝穂「『安全保障』を法的にどう考えるか」『法学セミナー』二〇〇七年一月号八―一三頁参照）。まず距離軸です。

かつて「国防」と言えば、「国土」防衛でした。領土、領海、領空に対する侵犯を阻止するということです。この意味での「国防」はわかりやすい。冷戦時代だったら、加盟国の一つに対する武力攻撃というのは、例えば旧西ドイツ国境を超えてワルシャワ条約機構軍が侵攻してくる、つまり、「丘の向こうから戦車がやってくる」という感覚です。

これに対して、冷戦後は、日本だけでなく、ヨーロッパでも、「海の向こうで戦争が始まる」というイメージになりました。つまり、「国土」防衛から、「国益」防衛を略した「国防」になった。「国益」とは何か。これはドイツの統合幕僚長をやったK・ナウマンの定義によれば、市場や資源とその本国とを結ぶ輸送ルートを「死活的利益」と捉えて、その防衛が「国防」となった。貿易をやる市場は世界中に広がり、資源も世界各地から取り寄せるわけですから、それと本国との輸送ルートはほぼ地球全体にわたる。「国土」防衛と違って、距離軸は無限大、地球のすべてをカバーすることになります。日本でも八〇年代の「シーレーン防衛」あたりからはじまり、九〇年代になって「周辺事態」が入り、いつの間にか「世界のなかの日米同盟」へと拡張されてきました。これが、冷戦後の安全保障で語られる防衛の距離軸の大きな変化です。

次に時間軸の変化です。国連憲章五一条は自衛権発動の要件を定めていますが、「武力攻撃が発生した場合」と過去形で書いてあります。「先制自衛」それが、「テロとの戦い」のなかで、武力攻撃発生よりも前の段階での事前、予防、前倒しの「先制攻撃」が語られるようになってきた。イラク派兵は「復興支援」という形で、米国の予防的な戦争に積極的に加担したわけです。

ここで第二の「モノ」語りは、陸上自衛隊の海外派遣専門部隊、中央即応集団（CRF）の識別帽（写真1、右）です。右の黒いキャップの真ん中に世界地図が描いてあり、真ん中の赤い部分は日の丸ですが、その淵は太平洋からアジア全域にわたっています。日米安保がグローバルなものに変容していくとき、日本側の実動部隊となるのが、この中央即応集団です。その運用思想は従来の自衛隊の「専守防衛」的なものとは異なり、すべて海外派遣仕様になっています（水島朝穂「米軍transformationと自衛隊の形質転換」法律時報増刊『安保改定五〇年――軍事同盟のない世界へ』日本評論社、二〇一〇年、四九―五四頁参照）。日米安保と自衛隊の変容を象徴する「モノ」と言えるでしょう。

●安保における「官」から「民」へ――戦争の民営化

第三の「モノ」語りは、写真1の中央の帽子です。米国の民間軍事会社（PMC）の大手「ブラックウォーター」の社員がかぶるものです。PMCの業務委託費は非常に高い。社員一人あたりの人件費は、米軍の下士官一人の九倍かかる。その受注割合は、湾岸戦争時は米兵五〇―一〇〇人に一人だったものが、イラク戦争では米兵一〇人に一人がこの帽子をかぶって戦争を担っている。イラク戦争の戦費の八％が民間軍事会社に支払われています。中身も、かつては食事や輸送などもっぱら後方業務でしたが、イラク戦争では戦闘部門や情報部門まで担うようになってきた。まさに戦争における「官」から「民」への傾向です。国家による「暴力の独占」が規制緩和され、軍事のアウトソーシングが起きている（E. Krahmann, ***States, Citizens and the Privatization of Security***, 2010, p.119-155.）。株式会社が戦争を受注して、それが多国籍企業化していく。まさに戦争の民営化です。だから当然、戦争はなくならない。

一九六一年一月にアイゼンハワー大統領が退任の際の演説で、「軍産複合体が生まれている」「軍事力が不当に使用される災害の可能性が増大している」と警告しました（山本美彦『民営化される戦争』ナカニシヤ書店、二〇〇四年、四九～五一頁）。脅威や危機から守るためにNATOがあるのでなく、N

ATOを存続させるためにその必要性（脅威や危機）が生み出されるという倒錯も、ここに根源があります。

3　NATO再定義と日米安保再定義

●域外派兵を生き甲斐に

冷戦時代、旧ソ連を中心とするワルシャワ条約機構（WTO）に対抗する軍事同盟（集団的自衛権システム）であったNATOは、旧ソ連の崩壊とWTOの解体により、存続の危機に陥っていました。自分の存在を示すために、NATO条約上の無理を承知で、一九九一年から「NATO域外派兵」を始めました。NATOの域外（out of area）に「生き甲斐」を見いだしたわけです。

やがて集団安全保障の地域版である欧州安保協力機構（OSCE）が存在感を示し、コソボ紛争でもその監視団が成果を挙げつつあったとき、このままいくと、「NATOはもういらない」ということが分かってしまう。そこでNATOは、創設五〇周年を迎える一九九九年四月を前にして、旧ユーゴスラヴィアへの「空爆」を始めたわけです。これはコソボ紛争を解決するためのやむを得ない「空爆」ではなく、NATOが存在することを示すためのアリバイ的なものでした（水島朝穂「ドイツ基本法五〇年と軍事法制」『法律時報』一九九九年八月号二九〜三四頁）。

私は「空爆」開始の前日にドイツのボンに到着して一年間の在外研究を始めました。NATO「空爆」の本質は、軍事同盟の存在証明のための不必要かつ、自衛権の要件も欠いた、国際法上違法な武力行使でした。当時のオルブライト米国務長官は、ナチスに国を追われた経験を持っているので、反戦派のスローガン「no more war」をもじって、「no more Auschwitz」として、ヨーロッパの社民系の政府首脳に「空爆」への決断を迫りました。そのオルブライトが、このほど一〇年ぶりに表舞台に登場しました。

●「不確実性」と「予測不可能性」がキーワード

二〇〇九年のＮＡＴＯ六〇周年の年に設置されたＮＡＴＯ専門家委員会が、二〇一〇年の五月一七日、"NATO 2020"という報告（全五五頁）をまとめました。その委員長はオルブライト元国務長官です。副委員長は何と、国際石油資本ロイヤル・ダッチ・シェルの元ＣＥＯ（最高経営責任者）という生々しさ。「石油のための戦争」という観点から、ＮＡＴＯ条約五条の新定義と「脅威」拡大を狙っているという批判がすぐに挙がりました（ドイツの平和団体のサイト http://www.imi-online.de/ 参照）。

第五条は、前述のように、集団的自衛権発動の要件が定めてありますが、専門委員会報告は、この武力行使の要件を新しく定義して、「不確実性」と「予測不可能性」を含めました。また、条約の改定を行わないで、市場・資源などを五条の保護対象とする、ＮＡＴＯ新定義を行っています。さらに、「包括的アプローチ」として、「軍民協働」をうたっています。「官」から「民」への方向をＮＡＴＯに取り入れるわけです。この報告は、一一月のリスボンにおけるＮＡＴＯ首脳会議で正式に決定されます。まさに「ＮＡＴＯ再定義」です。これにより、東欧諸国を吸収して現在二八ヵ国に膨れ上がったＮＡＴＯは、「防衛同盟」から「介入同盟」へと転換したとされています。

平和学者のＪ・ガルトゥングは、「ＮＡＴＯの東方拡大」と「ＡＭＰＯ（アンポ）の西方拡大」に着目しています（J. Galtung, *Die Zukunft der Menschenrechte*, 2000, S.126.）。ＮＡＴＯは創設六〇周年、日米安保は改定五〇周年の節目をそれぞれ迎え、ともに二〇二〇年を目処に、質的な転換をはかろうとしている。これは米国の世界軍事戦略の変化に対応して、ヨーロッパと日本の軍事同盟により世界を軍事的に管理していく仕組みを完成させる。その際、ともに巨大な軍事同盟を維持する最後のキーワードが「不確実性」と「予測不可能性」というのは象徴的です。つまり、バーチャルな、はっきりしないものを存在根拠にしなければならないほど、軍事同盟の根っこは不安定化しているとも言えるでしょう。また、条約の改定という、民主的正当性を得るための議会の承認を経ないで、解釈・運用によってそれを行うという点でも共通しています。

莫大なお金を必要とする巨大な軍事同盟を維持する必要性は、いまや「不確実性」と「予測不可能」という不確実で、曖昧なものしかなくなった。そして、もう一つ、この軍事同盟を「防衛同盟」から「介入同盟」に転換することを、議会の承認を経ないで、解釈・運用でやるという点でも、民主的正当性が脆弱になっている。こういう点から、「軍事同盟に未来はない」と言えるわけです。

●普天間問題は「安保再定義」の終わりの始まり？

二〇一〇年五月四日、沖縄を訪れた鳩山由紀夫首相（当時）は、「学べば学ぶほど〔海兵隊の〕抑止力〔が必要と〕の思いに至った。〔認識が〕浅かったと言われれば、その通りかもしれない」という脱力的発言をしました。「最低でも県外」と言ってきた首相の「最低の結論」です。その際、「抑止力」の根拠として、北朝鮮の問題や、周辺諸国における「不確実性」を挙げました。ここでも「不確実性」です。鳩山首相が沖縄海兵隊の存在について一時は疑問をもったことは確かで、実はそこに「貴重な芽」がありました。

実際、普天間には一〇数機の固定翼機と三〇数機のヘリコプターが常駐していると言われますが、たびたび国外に派遣され、普天間が、もぬけの殻同然になる場合も少なくない。米国「ＱＤＲ ２０１０」（四年ごとの国防計画見直し報告）をしっかり分析して、米軍の全体計画のなかで、沖縄海兵隊の位置づけを検証していけば、辺野古沖に新たな基地建設を行う積極的意味や必要性は、実は米側からも出てこないことがわかります。安保条約は、米国が望めば日本のどこにでも基地を作れる「全土基地方式」という、まともな主権国家間では考えられないような不平等条約です。半世紀以上のその「迎合」と「忖度」の精神構造でやってきたのですが、政権交代後もそれは一向に変わりません。鳩山首相がほんのちょっと「違った道」を示すや否や、日米の安保利権勢力によりアッという間につぶされました。本人の認識と自覚と度量がなかったことも大きいですが。でも、沖縄の基地問題をここまで全国区にしたことは、鳩山さんの「貢献」と言えます。

実は沖縄海兵隊不要論は米国内にもあります。米民主党の重鎮、バーニー・フランク下院歳出委員長は、「米国が世界の警察だという見解は冷戦の遺物であり、時代遅れだ。沖縄に海兵隊がいる必要はない」と公に語ったことから、米国内で在沖米海兵隊不要論がにわかに高まっています。背景には、

郵 便 は が き

料金受取人払郵便

神田支店
承認

2326

差出有効期間
平成24年 4 月
1 日まで

101－8791

507

東京都千代田区西神田
2-7-6 川合ビル

㈱ 花 伝 社 行

お名前《ふりがな》

お電話

ご住所（〒　　　　　　）
（送り先）

◎新しい読者をご紹介ください。

お名前《ふりがな》

お電話

ご住所（〒　　　　　　）
（送り先）

愛読者カード

このたびは小社の本をお買い上げ頂き、ありがとうございます。今後の企画の参考とさせて頂きますのでお手数ですが、ご記入の上お送り下さい。

書 名

本書についてのご感想をお聞かせ下さい。また、今後の出版物についてのご意見などを、お寄せ下さい。

◎購読注文書◎

ご注文日　　年　　月　　日

書　名	冊　数

代金は本の発送の際、振替用紙を同封いたしますので、それでお支払い下さい。
（３冊以上送料無料）

なおご注文は　FAX　03-3239-8272　または
メール　kadensha@muf.biglobe.ne.jp
でも受け付けております。

深刻な財政赤字と、リーマンショック以降の不況で、国民の不満が膨大な軍事費にも向かい始めていることがあります（与那覇路代・琉球新報ワシントン特派員、『琉球新報』二〇一〇年七月一六日付）。

むすびにかえて――軍事同盟のないアジアと日本をめざして

六〇年安保の六〇周年はありえません。あと一〇年、一九六〇年に改定された安保条約が、「安保再・再・再…定義」でもつだろうか。ＮＡＴＯは二〇一〇年一一月のＮＡＴＯ首脳会議（リスボン）でその方向を確定します。同じ一一月にオバマ大統領が来日して、「日米新・新安保共同宣言」を出す方向で進んでいます。しかし、鳩山政権の「迷走」のおかげで、その方向が簡単にはいかなくなった。ぎくしゃくした形での宣言は出るでしょうが、六〇年安保条約の条文をそのままにした解釈・運用には限界が来ています。日米間の状況、アジアの変化がそれを許すだろうか。

この場合、二つのベクトルが考えられる。より軍事同盟的色彩を強めた集団自衛権条約にアップグレードする方向。もう一つは、アジアにも地域的な集団安全保障の枠組（ＯＳＣＡ）が生まれる方向です。鳩山的「東アジア共同体」の残り火もいろいろと尾をひくでしょう。中国の軍拡、北朝鮮の跳梁ということだけで、一気に集団的自衛権行使に進むほど単純ではない。逆に、アジアに別の大きな政治変動が起こり、新しい安全保障枠組が必要となる可能性もある。いつまでも日米安保の狭量な枠ではやっていけなくなる。この時は日米安保が歴史的遺物となってその使命を終えます。自衛隊の平和憲法的「解編」の課題も生まれてきます（本稿についての諸論点については、筆者のホームページ

http://www.asaho.com/ のバックナンバーの直言を参照。全体的視点については、拙稿「平和政策への視座転換――自衛隊の平和憲法的『解編』に向けて」深瀬忠一・上田勝美・稲正樹・水島朝穂編著『平和憲法の確保と新生』北海道大学出版会、二〇〇八年、二七五―三〇一頁参照)。

これからの一〇年はその意味では正念場と言えます。そのためには、日米安保を自明の前提として安全保障を考えるのではなく、誰が、何に対して、何を、どのように、どの程度守るのかという、安全保障の根本問題を正面から議論していくことが大切でしょう。

(二〇一〇年六月二六日の講演をもとに記)

【補遺】

ポルトガルのリスボンで開かれた北大西洋条約機構(NATO、加盟二八ヵ国)首脳会議は二〇一〇年一一月二〇日、「新戦略構想」を採択した。タイトルは“Active Engagement, Modern Defence”(http://www.nato.int/ で全文が読める)。これは「NATO3・0」と呼ばれるように、一九四九年の発足から、一九九一年のローマ会議でのポスト冷戦仕様への新バージョン(その応用がコソボ紛争へのNATO空爆)を経由して、欧州のみならず、地球規模で加盟国の権益を保護する第三バージョンへと「進化」してきたわけである(http://www.imi-online.de/)。

新戦略は、集団防衛、危機管理、協調的安全保障の三つの中核任務からなる。協調的安全保障との関わりでは、非加盟国、とりわけロシアとの協力が重視されている。集団防衛では、「予測不能な世界における安定の本質的な源泉を維持する」ことを目的とし、「NATO域外の不安定性や紛争」なども、NATOに対する直接的な脅威にカウントしている。具体的には、テロリズムや国境を超えた違法活動、大量破壊兵器はもちろん、サイバー攻撃や気候変動、水不足まで挙げられている。国際貿易やエネルギー供給などのための重要な連携、輸送、通過ルートなども含まれる。集団的自衛権システムとしてのNATOの守備範囲はかつては加盟国の国境だったが、いまやそれは地球規模に拡大したわけである。オバマ大統領の「核のない世界」への言及もあるものの、表面的なものにとどまり、新戦略の柱は依然として「核同盟」である。

いまやNATO全加盟国の軍事支出は九〇〇〇億ドルに達し、それは世界全体の軍事支出の七五％を占める。各加盟国はそれぞれの仕方で軍事支出の抑制を迫られており、「浪費同盟」(Verschwendungsallianz) と評されるNATOは存続のため、「何でも屋」として、新たな任務の拡大を余儀なくされている。これが、「冷戦の化石」であるNATOの「進化」の本質である。

他方、もう一つの「化石」である日米安保体制もまた不安定である。沖縄・普天間基地問題をはじめ、本文で述べた状況に基本的な変化はない。端的に言えば、日本は、米国との沖縄・基地問題をはじめ、ロシアとの北方領土問題、中国・台湾との尖閣問題、韓国との竹島問題、北朝鮮との拉致問題など、周辺諸国と全方位でトラブルを抱えている。とりわけ尖閣諸島と北方領土の問題は、近年にないほど、混迷の度を深めている。

そうしたなか、一一月二三日、北朝鮮が韓国・延坪島への地上攻撃を行い、朝鮮半島および東アジアの緊張は一気に高まった。北朝鮮を「窮鼠猫を噛む」状況に追い込まないために必要なことは、米韓合同演習を鼻先でやって過度に威嚇したり、周辺事態法の適用を云々したりすることではない。大事なことは、北朝鮮が行ったことを国際法に基づき毅然と非難しながらも、他方で、彼らがその非難を面と向かって受けられるテーブルを用意することである。何よりも六ヵ国協議の再開である。

「日米安保体制」の「深化」をはかるべく一一月に予定されていた新・日米安保共同宣言は、日米関係の不安定さから、その策定は見送りになった。「日米同盟」妄信ではなく、より広い視野から東アジアの安全保障設計を考えていくべき「時」である。

（二〇一〇年一一月二八日稿）

あとがき

昨年、二〇一〇年は日米安保条約が改定されて五〇年という、節目に当たる年であった。そして、沖縄県民のみならず、日本国民全体が、「沖縄の基地は本当に必要か」「海兵隊はなぜ沖縄（日本）にいる必要があるのか」と日米安保の存在意義を問い、その見直しに向けて国民世論が大きく動きだした年でもあった。その直接の契機となったのは、二〇〇八年総選挙期間中の鳩山民主党の、沖縄普天間基地返還問題について「国外、最低でも県外移設」との公約と、その後の破棄である。渡辺治一橋大学名誉教授の言葉を借りれば、「民主党は無自覚のうちにパンドラの箱を開けてしまった」のである。もちろん、こうした議論が吹き出してくる背景には、冷戦終結後の日米安保の「グローバル安保」への大きな変質の現実があり、またその一方での、冷戦終結後の二〇年間における米国―日本―アジアとりわけ中国との経済状況の激変、国際環境の激変があることに間違いはない。

この節目の年の六月二六日、研究者、弁護士などの法律実務家、ジャーナリスト等の諸団体が協同して、シンポジウム「軍事同盟のない世界へ――改定50年の安保条約を問う」を開催した。日米安保の実態を明らかにすると共に、安保見直しの条件が様々な分野で現れていること摘示し、安保を乗り越えていく展望を探ろう、と意図したものであった。このシンポジウムの実行委員会参加団体は、以下の九団体である。――民主主義科学者協会法律部会、日本民主法律家協会、日本国際法律家協会、自由法曹団、青年法律家協会弁護士学者合同部会、日本反核法律家協会、日本科学者会議、平和と民主主義のための研究団体連絡会議（平民研連）、日本ジャーナリスト会議。

全体企画（水島朝穂早稲田大学教授、増田正人法政大学教授、中村政則一橋大学名誉教授によるパネルディスカッション）のほか、五つの分科会が企画され、いずれも大変高い評価を得ることができた。

本書は、このシンポジウムの成果に踏まえ、その内容を更に充実させるとともに、シンポジウム以後の新しい情勢をも加味して企画・編集したものである。すなわち、上記シンポジウムの全体企画における報告者のお二人と分科会での各報告者の皆さんに、その報告と議論に踏まえた論稿をお願いした。また、シンポジウムでは取り上げられなかったが日米安保体制を考える上で欠かすことのできない、三沢、横田、神奈川、岩国、佐世保など各地の基地の現状、基地と地域経済、「核の傘」、および軍事同盟をめぐる世界情勢といった項目を加えた。これらについては、日本民主法律家協会の機関誌『法と民主主義』二〇〇九年五月号特集等の各執筆者に、今日の状況に踏まえて掲載論稿の加筆・改定をお願いしたものである。

更に、シンポジウム開催後の二〇一〇年後半、菅内閣における安保防衛政策の急転回、尖閣列島沖での中国漁船と巡視船の衝突事件、北朝鮮軍による韓国・延坪島砲撃事件などといった重大事態がつぎつぎと起こった。これらについて、本書の編集作業と並行して編集員会として議論しつつ、新たに執筆をお願いするなど、情勢の進展に見合ったものにするべく努力した。

困難なスケジュールの中、執筆を快くお引き受けいただいた各執筆者の皆さんに心から感謝を申し上げたい。

日米安保は、私たち日本国民の平和と生活基盤のみならず、アジア、さらには世界の諸国民の平和と生活基盤をも根本的に規定する問題である。私たち市民が、何よりもその実態を良く把握し、その要否、克服の方向についての議論を拡げ、深めたいものである。本書が、多くの市民がそうした議論を拡げてゆく上での材料となることを願ってやまない。

二〇一一年一月

編集委員会

執筆者一覧

小沢隆一　　東京慈恵会医科大学教授（憲法学）

坂井定雄　　龍谷大学名誉教授（平和・紛争論）

丸山重威　　関東学院大学教授（ジャーナリズム論）

権　赫泰（クォン・ヒョクテ）　韓国・聖公会大学日本学科教授

増田正人　　法政大学教授（国際経済・国際金融論）

亀山統一　　琉球大学助教（森林保護学／日本科学者会議平和問題研究委員）

川瀬光義　　京都府立大学教授（地方財政学・地域経済学）

井原勝介　　前岩国市長／「草の根ネットワーク岩国」代表

山下千秋　　佐世保市議会議員（日本共産党）／佐世保原水協理事長

土橋　実　　弁護士（新横田基地公害訴訟弁護団事務局長）

今野　宏　　元横浜国立大学教員（物理学／日本科学者会議平和問題研究委員）

斉藤光政　　東奥日報社編集委員

中村晋輔　　弁護士（横須賀米兵強殺事件国家賠償訴訟弁護団）

島川雅史　　立教女学院短期大学教授（アメリカ史）

笹本　潤　　弁護士（日本国際法律家協会事務局長）

松田　浩　　元立命館大学教授（元日本経済新聞記者）

関原正裕　　埼玉県立越谷北高校教諭（歴史教育者協議会）

金子　勝　　立正大学教授（憲法学・政治学・社会科学論）

中村桂子　　NPO 法人ピースデポ事務局長

川田忠明　　日本平和委員会常任理事

水島朝穂　　早稲田大学教授（憲法学）

略年表

年	月・日	事項
1945	6.26	連合国、国際連合憲章調印
1947	5. 3	日本国憲法施行
1950	6.25	朝鮮戦争勃発　～53.7.27 休戦協定調印
	6.28	旧軍港市転換法公布・施行
1951	9. 8	対日講和条約（サンフランシスコ講和条約）、日米安保条約調印
1954	6.9	自衛隊（陸上・海上・航空）発足
1959	3.30	砂川事件、東京地裁「伊達判決」
1960	1.19	日米新安保条約、日米地位協定調印
	6.15	安保反対デモが国会内で警官隊と衝突
	6.23	新安保条約発効
1965	2.7	米軍、北ベトナム空爆開始　～73.1.27 ベトナム和平協定調印
	2.10	社会党の岡田議員、1963 年の三矢研究を国会で追及
1969	11.29	佐藤・ニクソン共同声明
1972	5.15	沖縄返還
1976	2.24	東南アジア友好協力条約（TAC）締結　6.22 発効
	10.29	「防衛計画の大綱」決定
1978	5.11	「思いやり予算」開始
	11.27	「日米防衛協力のための指針」（旧ガイドライン）決定
1983	11.8	対米軍事技術供与
1985	9.22	プラザ合意
	1.28	ニュージーランド、核兵器搭載艦艇の寄港拒否
1987	11.29	大韓航空機爆破事件
1991	1.17	湾岸戦争　～4.11 国連安保理、湾岸戦争終結を宣言
	12.26	ソ連邦解体
1992	6.15	PKO 協力法成立
	9.25	自衛隊、カンボジアでのＰＫＯに参加（初の海外派遣）
	9.30	米、フィリピンにスービック基地返還
1994	8.12	樋口レポート、村山首相に提出
1995	1.1	WTO 発足
	9.4	沖縄で駐留３米兵による女子児童暴行事件

	10.21	沖縄県民総決起集会
	11.20	「沖縄に関する特別行動委員会」(SACO) 発足
	11.28	「防衛計画の大綱」決定
1996	4.17	橋本首相、クリントン大統領、日米安保共同宣言
1997	9.23	「日米防衛協力のための指針」(新ガイドライン) 決定
1998	8.31	北朝鮮、テポドンミサイル発射
1999	5.24	周辺事態法成立
2001	9.11	米国同時多発テロ
	10.7	米・英軍がアフガニスタン空爆開始
	10.29	テロ対策特別措置法成立
2003	3.20	イラク戦争勃発
	6. 6	有事法制関連三法成立
	7.26	イラク特別措置法成立
2004	12.10	「防衛計画の大綱」決定
2005	10.29	「日米同盟――未来のための変革と再編」発表
2006	1.3	横須賀で米兵による女性強盗殺人事件
	5.1	「再編実施のための日米ロードマップ」発表
	6.29	新世紀の日米同盟
2007	9.29	「集団自決」の教科書検定問題で沖縄県民大会
2008	6.24	安保法制懇報告
	5.21	宇宙基本法公布
2009	2.17	「在沖海兵隊のグアム移転に係る協定」調印
2009	9.17	民主党政権成立
2010	3.26	韓国哨戒艦「天安」沈没事件
	4.25	普天間基地県内移設に反対する沖縄県民集会
	5.23-28	ニューヨークでNPT再検討会議
	5.28	普天間基地県内移設の日米合意
	8.27	新安保懇報告
	11.5	海上保安官、中国漁船衝突事件の映像をユーチューブに投稿
	11.23	北朝鮮、韓国・延坪島砲撃
	11.28	沖縄県知事選。米韓合同軍事演習
	12.3	日米合同軍事演習
	12.17	「防衛計画の大綱」決定

編者紹介

小沢 隆一（おざわ　りゅういち）

1959年生まれ。東京慈恵会医科大学教授・憲法学。

一橋大学法学部卒。1990年に静岡大学助教授、2000年に同教授を経て、2006年から現職。

著書に、『予算議決権の研究』（弘文堂）、『現代日本の法』（法律文化社）、『ほんとうに憲法「改正」していいのか？』（学習の友社）、『はじめて学ぶ日本国憲法』（大月書店）、『ここがヘンだよ日本の選挙』（共著・学習の友社）、『クローズアップ憲法』（共著・法律文化社）など。

丸山 重威（まるやま　しげたけ）

1941年生まれ。関東学院大学法学部教授・ジャーナリズム論。

1964年早稲田大学法学部卒、共同通信社入社。同社社会部次長、整理部長、編集局次長、ラジオテレビ局次長、情報システム局長を経て、2003年から現職。

著書に『新聞は憲法を捨てていいのか』（新日本出版社）、『キーワードで読み解く現代のジャーナリズム』（共著・大月書店）、『非効率主義宣言』（共著・萌文社）など。

民主党政権下の日米安保

2011年2月20日　初版第1刷発行

編者 ——小沢隆一、丸山重威
発行者 —平田　勝
発行 ——花伝社
発売 ——共栄書房
〒101-0065　東京都千代田区西神田2-7-6 川合ビル
電話　03-3263-3813
FAX　03-3239-8272
E-mail　kadensha@muf.biglobe.ne.jp
URL　http://kadensha.net
振替 ——00140-6-59661
装幀 ——Malpu Design（黒瀬章夫）
印刷・製本—シナノ印刷株式会社

ISBN978-4-7634-0594-4 C0036